管线钢中非金属夹杂物

杨 文 张立峰 罗 艳 著

北 京

冶金工业出版社

2020

内 容 提 要

本书详细阐述了管线钢生产全流程中非金属夹杂物的生成、析出、演变规律，针对钙处理、合金化工艺对管线钢中非金属夹杂物的改性和去除做了详细分析，提出浇注过程防止二次氧化和连铸水口结瘤的解决办法，根据实际案例阐述了管线钢夹杂物控制的关键问题。

本书专为高品质钢研发人员编写，可供钢铁冶金、材料科学等领域的科研、生产、设计、管理、教学人员阅读参考。

图书在版编目（CIP）数据

管线钢中非金属夹杂物/杨文，张立峰，罗艳著 . —北京：
冶金工业出版社，2020. 1
ISBN 978-7-5024-8175-9

Ⅰ.①管… Ⅱ.①杨… ②张… ③罗… Ⅲ.①钢管—非金属夹杂（金属缺陷） Ⅳ.①TG142. 13

中国版本图书馆 CIP 数据核字（2019）第 274661 号

出 版 人 陈玉千
地 址 北京市东城区嵩祝院北巷 39 号 邮编 100009 电话 （010）64027926
网 址 www.cnmip.com.cn 电子信箱 yjcbs@cnmip.com.cn
责任编辑 刘小峰 曾 媛 美术编辑 郑小利 版式设计 孙跃红 禹 蕊
责任校对 李 娜 责任印制 李玉山
ISBN 978-7-5024-8175-9
冶金工业出版社出版发行；各地新华书店经销；北京联合互通彩色印刷有限公司印刷
2020 年 1 月第 1 版，2020 年 1 月第 1 次印刷
169mm×239mm；17 印张；4 彩页；342 千字；259 页
79. 00 元
冶金工业出版社 投稿电话 （010）64027932 投稿信箱 tougao@cnmip.com.cn
冶金工业出版社营销中心 电话 （010）64044283 传真 （010）64027893
冶金工业出版社天猫旗舰店 yjgycbs.tmall.com
（本书如有印装质量问题，本社营销中心负责退换）

序

石油和天然气管道输送用钢俗称"管线钢"，是近 20 年国际上最新发展的新型钢种。其典型特点是要求钢材具有高的强度和韧性、良好的焊接和耐寒性能以及抗 HIC、H_2S 腐蚀的能力。为满足管线钢在复杂地形、地貌（包括海底）和恶劣气候条件下安全输送腐蚀性气体或液体的服役性能，一般要求管线钢应具有高纯净度、精细组织和严格的夹杂物控制。这对管线钢的生产造成极大的困难，也是近 20 年国际研究的热点：一方面继续研发更高强韧级别的管线钢，如 X100 和 X120；另一方面不断优化和完善生产工艺，提高产品质量和稳定性。

21 世纪初为解决国内石油和天然气输送问题，开展了"西气东输"建设项目。目前正在建设陕京二期、中俄天然气管线（东线、西线）以及中亚至上海天然气管线等重大工程，形成"两横两纵"为特色代表的国内石油或天然气输送网络。为满足国内石油天然气输送管线重大工程建设的需求，国内管线钢产品研发取得巨大进步，从 X40 发展到 X80，宝钢、鞍钢等先进企业已研究开发出更高级别的 X100 和 X120 管线钢。同时管线钢生产技术日趋成熟，产品质量不断提升，管线钢产量已超过国际总产量的 50%。作为管线钢非金属夹杂物控制的专著，本书在总结国际管线钢发展的基础上，系统总结了近 20 年国内管线钢生产技术的发展，特别是对管线钢中夹杂物的危害与控制进行了深入研究，给予详细的总结和论述。

作为学术专著，本书具有以下特色：

（1）学术思想先进。近几年关于夹杂物变性的研究成为国际研发热点。本书系统介绍了夹杂物在管线钢冶炼、精炼、凝固和变形过程中的变性行为，形貌和成分变化及其反应机理，重点阐述了管线钢为代表的钙处理钢生产中，钢中非金属夹杂物在钢液凝固过程中由钙铝酸盐转变为 Al_2O_3（或 $MgO \cdot Al_2O_3$）+CaS 的现象。这也是国际冶金界最新观察并给予高度重视的研究结论。对钢材质量危害最大的大颗粒 $MgO \cdot Al_2O_3$ 夹杂，其来源不像人们过去想象的以钢水二次氧化为主，而是来源于钢中原有夹杂物的变性过程。这一结论对今后研究开发和严格控制钢中危害最大的大型夹杂物的工艺方法具有重要指导意义。

（2）研究方法科学。采用传统电镜、酸溶、电解侵蚀以及无水有机溶液电解提取等方法对管线钢中非金属夹杂物的二维和三维形貌进行了对比分析，通过多种角度获取本质性的夹杂物细节，有益于提高读者对管线钢夹杂物的认识。例如通过有机溶液电解方法无损提取夹杂物后能够观察到铸坯中夹杂物表面 TiN 和 MnS 以及 CuS 的析出，而传统二维观察很难获得这些信息。

（3）工程应用性强。在系统介绍钢水脱氧和夹杂物生成热力学、夹杂物上浮去除机理以及炉渣和熔池搅拌对夹杂物控制影响的基础上，重点论述了该团队自主研发的管线钢精准钙处理模型和应用指导软件，提升钙处理效果；强调了合金纯度对管线钢夹杂物的影响，提出利用硅铁合金中的杂质元素钙进行钙处理的工艺方法，为生产企业降本增效提供新的思路和方法。

（4）内容广泛，数据详实。本书系统引用了国内管线钢生产的大量技术文献，详细介绍了作者团队在管线钢夹杂物控制方面的各种研究成果，给出管线钢夹杂物控制的各种案例，如 ERW 焊接管线钢洁净度和夹杂物控制、低钙处理工艺减少 B 类夹杂等内容。

由于以上特色，本书可作为从事钢中非金属夹杂物研究领域的科研、生产和教学等方面的冶金科技工作者案头常备的参考书和资料库，也可作为研究生的参考教材。

本书作者之一张立峰教授在国外长期从事夹杂物基础研究工作，取得较好的研究成果。2011 年回国以后，进一步加强夹杂物领域内的工程实验研究，将基础理论与钢种开发和工艺控制密切结合，成长为国内钢中非金属夹杂物研究领域的知名学者。管线钢是他众多研究钢种中的典型代表，以其团队在管线钢领域研究工作为基础撰写了本专著，值得向钢铁界同仁推荐。

刘浏

2019 年 5 月于北京

前　言

2019 年 6 月我出版了《钢中非金属夹杂物》一书，总结了我和我的学术梯队针对钢中非金属夹杂物的基础理论方面的知识内容和科研成果。钢的种类很多，在钢的生产过程中，由于生产工艺特别是脱氧工艺、连铸工艺和轧制工艺的不同，造成了每个钢种中非金属夹杂物控制策略有很大的差别。管线钢就是一个典型的钢种，其特别之处之一在于对钢中杂质元素的要求较高，使用铝脱氧且进行钙处理来改性钢中的氧化铝夹杂物。针对管线钢中非金属夹杂物的控制，本人与首钢京唐钢铁联合有限责任公司、宝钢集团新疆八一钢铁有限公司、首钢股份有限公司迁安钢铁公司、柳州钢铁公司、邯郸钢铁公司等都进行了产学研合作。结果发现，每一个钢铁公司的管线钢中非金属夹杂物的控制水平不尽相同，控制策略也随着用户的不同存在着不同之处，同时也梳理了管线钢中非金属夹杂物控制的共性问题和一些新的发现。通过对这些科研成果进行系统总结，于近期完成了《管线钢中非金属夹杂物》一书。

广泛应用于石油天然气运输的油气管线主要由管线钢加工制造而成。我国管线钢的研发和生产起步较晚，但随着我国油气管网的持续建设，国内管线板的研发和生产得以快速发展，一方面钢管产量持续增加，近年来已经达到一亿吨；另一方面高级别管线钢相继研发成功，现已研发出 X120 级别管线钢。通过对管线钢中非金属夹杂物的研究，有如下新的认识。

（1）不同种类管线钢的非金属夹杂物控制要求不同。为了适应管线工程的发展，管线钢要求具有高强度、高韧性、抗脆断、良好焊接性及抗 HIC 和抗 H_2S 腐蚀。钢中非金属夹杂物，尤其 A 类和 B 类夹杂物是影响管线钢上述性能的重要因素之一，不同的服役环境要求不同的非金属夹杂物。同时绝大多数长输管线是采用管线钢卷或钢板进行焊接后制成。根据管径和用途不同，目前主要采用三类焊接工艺：直缝高频电阻焊、螺旋埋弧焊和直缝埋弧焊。不同焊接工艺条件下，钢中非金属夹杂物对焊缝处的性能和缺陷的影响也不一样。因此，不同用途和焊接工艺的管线钢，其非金属夹杂物要求也不一样，对其进行合理控制尤为重要。

（2）管线钢中非金属夹杂物的控制要求精准钙处理。钙处理是管线钢非金属夹杂物类型控制的主要手段之一。管线钢钙处理主要有两个作用：一是将钢中以 Al_2O_3 为代表的高熔点氧化物改性为钙铝酸盐夹杂物，以防止水口结瘤，同时不生成 B 类夹杂物；二是将 MnS 为代表的塑性硫化物改性为 CaS 类夹杂物，以避免 A 类夹杂物的生成。目前已发表有多种管线钢非金属夹杂物钙处理改性目标，包括低熔点钙铝酸盐、CaO-CaS 类型、Al_2O_3-CaS 类型、高 CaO 含量的钙铝酸盐、以及低 CaO 含量的钙铝酸盐。管线钢的不同用途、不同生产和焊接工艺导致对非金属夹杂物类型的要求不同，这也导致不同管线钢生产的钙处理改性目标不同。除了明确非金属夹杂物钙处理改性目标之外，很重要的一点是怎样实现改性目标。由于钙本身化学性质活泼的特性以及较低的沸点，使其收得率较低且不稳定，在实际生产中较难实现钙处理的精准控制。我们也常看到不同企业的钙处理工艺操作以及达到的钙处理效果不尽相同，有些企业的钙处理效果很好，同样的工艺参数放到另外一个企业效果却可能很差。目前，许多采用钙处理工艺的企业在实际生产中很难根据实际情况来对钙处理进行动态调整。多数情况是按照以往的经验来指导生产，这就难免会出现偏差，要么是人为的经验操作误差导致效果不理想，要么是钢水条件如钢液成分、温度、洁净度等存在差异，还可能是其他的操作条件不理想，比如钢液温度降低或者水口处出现二次氧化等，都会导致钙处理的效果适得其反。再者，合金的纯度、加钙方式等因素也都会对钙处理效果产生影响。因此，钙处理并非是应用就能够达到预期的效果，它需要根据生产实际情况进行动态调整，找到最佳的加入量，并采用合理的方式加入，即所谓的实施精准钙处理。

（3）合金洁净度对管线钢中非金属夹杂物有重要影响。前面提到，合金的纯度会对钙处理效果产生影响，但在以往我们往往忽视了这方面的问题。管线钢生产过程中会加入大量的硅铁合金来对钢中硅含量进行调整。硅铁合金主要采用碳热法生产，由于硅砂中常含有一定量的 CaO，导致硅铁合金中存在一定量的金属钙。我们对多个企业生产用的硅铁合金进行了大量检测，发现有些企业硅铁合金中的钙含量可高达 1.75%。这部分钙对钙处理有促进作用，但是如果不加以考虑，就势必会对后续的喂钙线量的准确性产生影响。在注意到这个问题后，从另一个角度进行了尝试，即直接利用含钙的硅铁合金进行管线钢的钙处理操作，在一定程度上实现了非金属夹杂物的钙处理改性，具有显著的降本增效的效果。当然，此技术距离成熟应用还有一定的距离，要求硅铁合金中具有较为稳定的钙等杂质元素含量。

（4）管线钢中非金属夹杂物的变化贯穿全流程。我们在对管线钢中非金属夹杂物研究的过程中，还对钢凝固、冷却和加热过程中非金属夹杂物的演变有了新的认识。许多学者在研究管线钢中非金属夹杂物时，经常观察到中间包钢液中的低熔点钙铝酸盐夹杂物到铸坯时会转变成氧化铝或尖晶石类夹杂物。以往大家都认为这种现象是浇铸过程钢液发生二次氧化导致的。但我们在多个企业的管线钢生产过程中即使没有二次氧化发生也都观察到这个现象后进行了研究，通过实验分析和热力学计算得出这个现象产生的原因是温度下降过程中非金属夹杂物和钢之间的平衡发生了移动。这个新的认识告诉我们管线钢中非金属夹杂物的控制不只在钢液，而应贯穿至连铸甚至轧制的整个过程，同时这也为管线钢铸坯及轧材中非金属夹杂物的控制提供了一种新的思路。

本书是在总结本人科研团队在管线钢中非金属夹杂物方面的研究实践基础上，同时吸收了国内外已发表的一些研究成果编著而成。全书一共分为 12 章：第 1 章和第 2 章对管线钢进行了简单介绍，论述了管线钢中非金属夹杂物的研究现状；第 3 章分别介绍了 LF 单联精炼工艺和 "LF+RH" 双联精炼工艺条件下的全流程管线钢中非金属夹杂物演变，尤其是采用多种方法揭示了非金属夹杂物的二维和三维形貌特征，能够给读者以管线钢中非金属夹杂物形貌、尺寸、数量等方面更直观的认识；第 4 章对管线钢成分条件下的脱氧过程热力学进行了分析，并与纯铁条件下的脱氧热力学进行了对比；第 5 章揭示了管线钢钙处理过程非金属夹杂物的瞬态变化，发现 CaS 为钙处理后的过渡相，并据此提出钙处理后需保证一定的软吹时间；第 6 章介绍了管线钢精准钙处理模型的建立及其应用，并对我们团队开发的精准钙处理在线预测与指导软件进行了介绍；第 7 章分析了硅铁合金纯净度对管线钢中非金属夹杂物的影响，并通过工业试验对利用含钙硅铁进行管线钢钙处理的可行性进行了论证；第 8 章主要分析了钢包开浇引流砂对管线钢洁净度的影响，并对二次氧化对管线钢中非金属夹杂物的影响进行了热力学和动力学分析；第 9 章对管线钢连铸过程浸入式水口结瘤进行了分析；第 10 章是本书亮点之一，研究了凝固和冷却过程管线钢中非金属夹杂物的转变，解释了实际生产中常见到的从中间包到铸坯中非金属夹杂物的成分转变现象，为管线钢中非金属夹杂物的变化提供了一种新的解释，也为管线钢产品的非金属夹杂物控制提供了一种新的途径；第 11 章列举了两个管线钢中非金属夹杂物的控制案例，以使读者进一步加深对管线钢不同非金属夹杂物目标的控制途径和方法的认识；最后对管线钢中非金属夹杂物控制的关键问题进行了总结概括。

全书从非金属夹杂物生成热力学理论、精炼工艺措施、精准钙处理模型、硅铁合金纯净度、连铸二次氧化、连铸凝固和冷却过程非金属夹杂物转变等方面对管线钢中非金属夹杂物的控制进行了系统阐述，希望本书的出版能够对提高我国管线钢中非金属夹杂物的控制水平、促进管线钢品质的整体提升起到积极的作用。

这些年我在钢中非金属夹杂物领域取得的一些成果是和科研团队的年轻老师、博士生、硕士生一起努力奋战的结果。在这里，我要特别感谢杨文、罗艳、任英、李树森、李超、刘洋、杨小刚、张旭彬、王强强、陈威、周浩、王文博等同学的努力工作。本书中一些章节来自我指导学生的博士研究和硕士研究，例如，第 3.2 节、第 5~10 章的内容主要来自李树森的博士研究，第 3.1 节、11.2 节的内容主要来自李超的硕士研究，第 6.4 节、8.4 节的内容主要来自刘洋的博士研究。

感谢中组部、科技部、教育部、国家自然科学基金委、北京市科委、中国金属学会等机构对我科研工作的大力支持。

特别感谢刘浏教授在百忙之中为本书撰写序言。刘老师学识渊博，性格率真，同时对冶金行业和科研工作抱有持之以恒的热忱，是我们学习的榜样。

还有很多对本书有重要贡献的学者们，这里无法一一表达感谢，敬请谅解。

由于水平所限，书中不足之处，敬请批评指正。

张立峰

2020 年 1 月 1 日于燕山大学

目　录

1 管线钢简介

1.1 国内外管线钢发展的历史、现状及趋势

石油和天然气是重要的能源矿产和战略资源，与国民经济、社会发展和国家安全息息相关。基于我国油气资源短缺和国内油气资源分布的特点，我国油气资源的供给依赖于从国内西部向东部、从国外向国内的输送。在石油天然气的运输过程中，管道输送因其具有经济性、安全性和连续性的优点而得到各国的广泛重视。管线钢主要用于加工制造油气管线。油气管网是连接资源区和市场区的最便捷、最安全的通道，它的快速建设不仅可缓解我国铁路运输的压力，而且有利于保障油气市场的安全供给，有利于进一步提高我国的能源安全保障程度和能力。图 1-1 所示为 2005~2018 年全球和中国的钢管产量，可见虽然近几年产量有所降低，但整体上管线钢一直在快速发展。

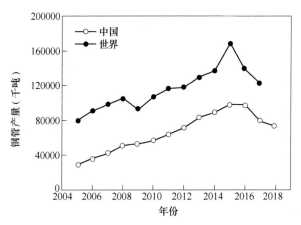

图 1-1　2005~2018 年间全球和中国的钢管产量

目前我国"西气东输"项目已经建成，今后还将建设的主要管线有陕京二期、中俄天然气管线（东线、西线）以及中亚或俄罗斯至上海天然气管线，最终与"西气东输"管线形成"两横、两纵"的天然气干线。

美国石油学会（American Petroleum Institute）根据管线钢的屈服强度，将其分为不同的牌号，钢级用最低屈服强度的前两位数字表示，屈服强度数值的单位

使用的是 ksi（千磅力每平方英寸）。API Spec 5L 包括的钢级有 A25、A、B、X42、X46、X52、X56、X60、X65、X70、X80、X100、X120。ISO 3183 和 GB/T 9711 采用了与 API Spec 5L 同样的钢级表示法，只是把 X 改为了 L，屈服强度转化为国际单位制，单位为 MPa，并把末尾数圆整到 0 和 5，见表 1-1。

表 1-1 ISO 3183 与 API Spec 5L 规定的钢级对照

钢级（ISO 3183，GB/T 9711）	L175	L210	L245	L290	L320	L360	L390
钢级（ANDL，API Spec 5L）	A25	A	B	X42	X46	X52	X56
钢级（ISO 3183，GB/T 9711）	L415	L450	L485	L555	L625	L690	L830
钢级（ANDL，API Spec 5L）	X60	X65	X70	X80	X90	X100	X120

管线钢的发展先后经历了热轧淬火→微合金化→控制轧制等阶段，强度级别逐步提高。图 1-2 所示为管线钢的发展历程[1]。世界上生产管线钢主要经历了三个阶段：第一阶段为 1950 年以前，标志是普碳钢经热处理后使用，强度级别在 X52 以下；第二阶段为 1950~1972 年，标志是管线钢的微合金化，引入含钒 C-Mn 钢，热轧或正火后使用，强度级别达 X60；第三阶段为 1972 年至今，标志是控制轧制应用于管线钢生产，并结合 V、Ti、Nb、Mo、B 等元素的微合金化，生产具有较高强度和良好韧性的管线钢，强度级别主要为 X60~X70。近年来，由于二次精炼技术的发展，逐渐开发了 X80~X120 等高级别管线钢。

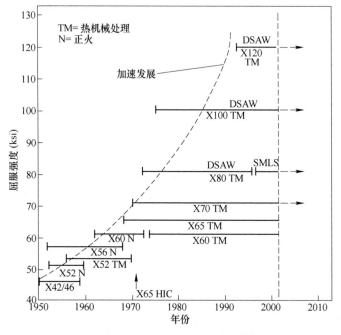

图 1-2 高强管线钢的发展历程[1]

　　国内管线钢的研发和生产较日本和欧美起步晚，管线钢使用的板材20世纪60~70年代主要采用鞍钢等厂家生产的A3、16Mn，随着管道管径增大和输送压力的增加，钢板强度不能满足要求。80年代以后各石油焊管厂开始使用按美国API标准生产的管线钢板，由于当时国内管线钢生产技术不成熟，主要采用进口板。90年代以后，国内管线板生产发展很快，宝钢、武钢、鞍钢、首钢等企业相继开发生产了高级别的X系列管线钢。2004年竣工的西气东输工程大量采用国产X70管线钢，促进了国内管线钢的发展。目前，宝钢、武钢、鞍钢、首钢等国内钢铁企业已经成功开发了X70、X80热轧卷板和宽厚钢板；国内有实力的企业纷纷加入管线钢研发的行列中来，2006年鞍钢已经成功研制出X100管线钢板，2007年宝钢研制出了X120管线钢板[2-6]。

　　管线工程的发展趋势是大管径、高压、富气输送、高冷和腐蚀的服役环境、海底管线的厚壁化。为了适应管线工程的发展，现代管线钢应具有高强度、高韧性、抗脆断、良好焊接性及抗HIC和抗H_2S腐蚀[7-11]。采用高等级管线钢是管线工程发展的必然要求，国际上X80高等级管线钢的技术已经成熟，并得到了较大的发展和成功的应用。随着管道输送压力的提高，油气输送管线钢也相应迅速向高的钢级发展。经验表明，对于长距离输送管道，每增加一个钢级，会节约成本7%，这将带来巨大的经济效益，西气东输二线工程就采用了X80级管线钢。

　　典型的管线钢化学成分见表1-2[12]。表1-3给出了武钢1998~2000年生产的管线钢化学成分[13]，可见管线钢成分的其中一个特点是极低硫含量，这是为了减少MnS类夹杂物的生成，同时为了对MnS夹杂物进行改性，还要求一定量的钙含量，且为了避免生成钙铝酸盐类B类夹杂物，钙含量也需要根据钢级进行适当调整。

表 1-2　典型管线钢化学成分[12]　　　　　　　　　　　（％）

牌号	C	Si	Mn	P	T.S	Cr	Mo	Ni
X52	0.08	0.14	0.87	0.0080	0.0030	0.035	0.004	0.013
X60	0.04	0.27	1.19	0.0050	0.0020	0.030	0.020	0.110
X70	0.05~0.08	0.25	1.62	0.0070	0.0010	0.030	0.150	0.150
X80	0.04	0.30	1.80	0.0060	0.0020	0.050	0.20	0.020
X100	0.08	0.30	1.90	0.0060	0.0010	—	0.25	0.030

牌号	Nb	V	Ti	Cu	Al$_s$	T.N	T.Ca
X52	0.022	0.005	0.008	0.015	<0.03	0.091	0.002
X60	0.049	0.040	0.015	0.230	0.034	0.0071	0.002
X70	0.060	0.040	0.022	0.20	0.040	0.004	0.001~0.002
X80	0.045	0.005	0.015	0.020	0.003	0.006	0.001~0.002
X100	0.050	—	0.015	0.17	0.03	0.002	0.001~0.002

表 1-3　武钢管线钢实际熔炼成分范围[13]　　　　　　　（%）

钢级	C	Si	Mn	P	S	Nb+V+Ti	其他
X52	0.07~0.10	0.15~0.30	0.9~1.3	0.010~0.025	0.001~0.010	0.01~0.03	0.02~0.06
X56	0.07~0.10	0.15~0.30	1.1~1.3	0.010~0.018	0.001~0.010	0.02~0.004	0.02~0.06
X60	0.05~0.08	0.15~0.30	1.1~1.4	0.005~0.018	0.001~0.004	0.03~0.06	0.03~0.22
X65	0.04~0.08	0.15~0.30	1.2~1.4	0.008~0.018	0.001~0.003	0.03~0.08	0.18~0.20
X70	0.02~0.05	0.15~0.35	1.4~1.7	0.010~0.025	0.001~0.004	0.10~0.20	0.10~0.20
X80	0.02~0.05	0.15~0.35	1.4~1.8	0.010~0.015	0.001~0.004	0.03~0.07	0.30~0.50

1.2　管线钢的性能要求

　　管线钢主要性能在国际上公认的标准是 API-5L（美国石油协会关于输送管线用钢的标准）。绝大多数工程和供需双方的协议都以 API-5L 为基础。由于管线所经过地区的地理和气候情况、管线输送介质种类及性质、制管厂的生产管理和管道施工情况等，除了 API-5L 标准的要求外，用户还会提出更高的要求，特别是对于高等级管线钢更是如此。随着冶金技术和制管技术的发展，在 API-5L 标准之外的附加要求也越来越多，综合起来可归纳为以下几个方面。

1.2.1　高强度和高韧性

　　管径增大和输送压力提高均要求管材有较高的强度。表 1-1 给出了 API 规定的各等级管线钢屈服强度的最小值。管线钢的强度最初只有 175MPa，现在最高已经达到 830MPa。韧性是管线钢的重要性能之一，它包括冲击韧性和断裂韧性等，由于韧性的提高受到强度的制约，因此管线钢生产常采用晶粒细化的强韧化手段，既可以提高强度又可以提高韧性；另外，钢中杂质元素和夹杂物对管线钢的韧性具有严重危害性。如图 1-3 所示[14]，在含钛微合金钢的高温拉伸试样的断口上，有大量不同尺寸、不同深度的塑坑，在塑坑中发现有近球形的铝钛氧化物夹杂，这些夹杂物是导致拉伸断裂的主要原因之一。因此，降低钢中有害元素并进行夹杂物变性处理是提高韧性的有效手段。碳含量及碳当量的降低，有助于提高钢的冲击韧性，降低钢的韧脆转变温度。降低钢中硅、钒含量及钛处理可以改善焊接热影响区的韧性。

1.2.2　良好的焊接性能

　　钢材良好的可焊性对保证管道的整体性和野外焊接质量至关重要。钢的焊接性是指材料对焊接加工的适应性，即在一定的焊接条件下获得优质焊接接头的难易程度。它包括结合性能（即在焊接加工时金属形成完整焊接接头的能力）和使用性能（即已焊接成的焊接接头在使用条件下安全运行的能力）。可以从多方

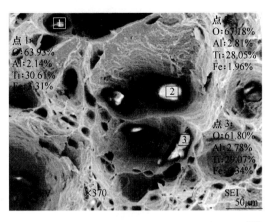

图 1-3 含钛微合金钢塑坑处第二相粒子及成分[14]

面采取措施改善高强钢的可焊性。首先，钢的化学成分对高强钢的焊接性有直接的影响，提高焊接性的有效措施是降低碳、磷、硫含量和选择适当合金元素。其次，适当控制钛、铝等的氮化物和钛的氧化物，对降低淬硬性和防止冷裂纹及提高韧性也有好处，添加钙、稀土等元素对防止冷裂纹和层状撕裂及提高韧性也有效果。通过控制合金元素含量，生成的氧化物粒子有利于焊缝区域形成针状铁素体，增加针状铁素体比例有利于降低焊缝区域的韧脆转变温度（图 1-4），从而提升焊缝韧性[15]。

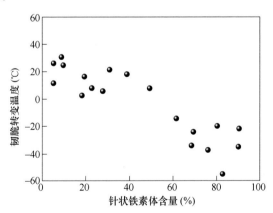

图 1-4 针状铁素体体积分数对钢焊缝韧性的影响[15]

1.2.3 良好的抗腐蚀性能

管道的铺设经常要通过许多潮湿酸性的环境，部分石油、天然气中也含有大量的 H_2S、SO_2 等酸性气体，管线钢需承受内外不同的腐蚀环境，因此要求管线钢须有良好的抗腐蚀性能，主要是抗 HIC（氢致裂纹）和抗 SSCC（硫化物应力腐蚀裂纹）的性能。在输送 H_2S 气体含量较高的管线内易发生电化学反应而使氢原子从阴极析出，氢原子在 H_2S 的催化作用下进入钢中可能导致管线钢出现两种不同类型的开裂，即氢致裂纹（HIC）和硫化物应力腐蚀开裂（SSCC），如图 1-5 所示[16]。HIC 和 SSCC 的产生同钢中硫化物和 B 类夹杂物有密切联系，增强管线钢抗腐蚀性能主要采取的措施是降低钢中夹杂物数量、尺寸和夹杂物变性处理。

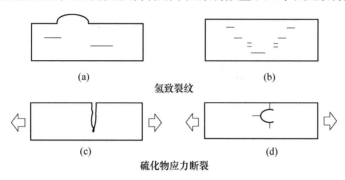

图 1-5   HIC 和 SSCC 生成示意图[16]

1.3   管线钢的冶炼工艺

目前冶炼高品质管线钢通常采取的工艺流程如下：铁水预处理—顶底复吹转炉—炉外精炼—连铸。

（1）铁水预处理及转炉冶炼。冶炼的目的是提高钢水的纯净度和合金成分控制，降低钢水中硫、磷及一些夹杂物含量。目前，已广泛采用铁水脱硫预处理工艺，包括喷粉脱硫和 KR 机械搅拌脱硫。经过脱硫预处理后，铁水中的硫含量可以降至 0.002% 以下。转炉冶炼时，顶吹和底部搅拌结合使用也可使碳含量达到 0.02% ~ 0.03%，磷含量降至 0.005% 以下。

（2）炉外精炼。精炼工序对生产管线钢意义重大。低硫工艺路线是精炼过程的关键。此外，进行钙处理以达到对夹杂物的变性处理，对提高横向韧性和抗氢诱裂纹性、抗腐蚀性具有关键作用。炉外精炼可分为双联工艺和单联工艺两种，其中单联工艺主要为 LF、RH 和 VD，双联工艺主要为 LF—RH 和 RH—LF[17-21]。LF 精炼不同于其他精炼工艺之处在于其具有更好的渣精炼功能，可以实现扩散脱氧、脱硫以及吸附钢水中的夹杂物。采用 RH 真空精炼有利于控制有害元素、气体含量、促进非金属夹杂物的上浮去除等。采用 LF+RH 精炼可控制硫含量，同时使氮、氧含量降低。其中 RH 和钙处理已成为高级别管线钢生产不可缺少的工艺措施。对于 X65 级别以下管线钢采用单联工艺较多，而对于 X70 以上的高级别管线钢则较为普遍采用双联工艺。

此外，对于 LF+RH 双联工艺下钙处理的时机不同企业也有所不同。钙处理时机主要有两种，第一种是 LF 精炼结束和 RH 精炼开始前进行钙处理，这种工艺的优点是钙处理后有更长的时间用于钙处理后的钙铝酸盐的去除；缺点是钙处理时钢中大尺寸夹杂物较多，这些大尺寸夹杂物不能被完全变性，而且在随后的 RH 精炼过程的真空环境会加速钢中的钙挥发，导致钙收得率和钙处理效率的降低。第二种是在 RH 精炼后进行钙处理，此工艺的优点是钙处理前能够通过 RH 精炼将改性前的夹杂物尤其是大尺寸夹杂物更多地去除，使余下的小尺寸夹杂物在随后的钙处理过程变性更完全，而且因为钙处理后没有真空处理，钙的收得率更高；缺点是如果控制不好，钙处理后往往容易生成较大尺寸的液态钙铝酸盐，这些夹杂物只能靠随后有限的软吹时间进行去除，去除效率不高。

当然各企业应根据自身设备水平和工艺技术水平以及生产的管线钢级别要求，采用适合自己的冶炼工艺。

（3）连铸。近年来，我国管线钢的生产连铸过程配合实施电磁搅拌、轻压下等新技术，以改善连铸坯的成分偏析，提高管线钢的止裂性能和抗硫化氢腐蚀性能。在管线钢连铸中应特别注意以下几点：防止钢水从钢包到中间包以及中间包到结晶器的二次氧化。铸坯温度在1300℃以上时一般不采用快速喷水冷却，以免产生表面裂纹。有效控制连铸凝固区，降低中心部位的偏析。

1.4 管线钢的焊接工艺

用于油气长输管线很少采用无缝钢管，绝大多数长输管线是采用管线钢卷或钢板进行焊接后制成。根据焊接工艺不同主要分为三类：直缝高频电阻焊（ERW）、螺旋埋弧焊（SSAW）、直缝埋弧焊（LSAW）。

1.4.1 直缝高频电阻焊

直缝高频电阻焊（ERW）按焊接方式不同又分为感应焊和接触焊两种形式。采用热轧宽卷为原料，经过预弯、连续成形、焊接、热处理、定径、校直、切断等工序，ERW 管的生产过程示意图如图 1-6 所示[22]。与螺旋相比其具有焊缝短、尺寸精度高、壁厚均匀、表面质量好、承受压力高等优点；缺点是只能生产中小口径薄壁管，焊缝处易产生灰斑、未熔合、钩状腐蚀裂纹缺陷等。目前应用较广泛的领域是城市燃气、原油成品油输送等。

1.4.2 螺旋埋弧焊

螺旋埋弧焊（SSAW）是卷管在其前进方向与成形管中心线有成形角（可调整），边成形边焊接，其焊缝呈螺旋线。优点是同一规格的钢卷可生产多种直径规格的钢管，原料适应范围较大，焊缝可避开主应力，受力情况较好；缺点是几

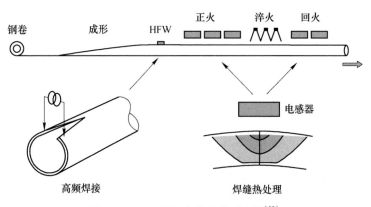

图 1-6   ERW 管的生产过程示意图[22]

何尺寸较差，焊缝长度相比直缝管长，易产生裂纹、气孔、夹渣、焊偏等焊接缺陷，焊接应力呈拉应力状态。一般油气长输管线设计规范规定螺旋埋弧只能用于三类、四类地区。国外将此工艺改进后将原料改为钢板，使成形与焊接分开，经预焊和精焊，焊后冷扩径，其焊接质量接近 UOE 管。"西气东输"所用仍然是按传统工艺生产，只是管端进行了扩径。美国、日本和德国总体上否定 SSAW，认为主干线不宜使用 SSAW，加拿大和意大利部分使用 SSAW，俄罗斯少量使用 SSAW，而且都制定了非常严格的补充条件，由于历史原因，国内主干线多数还是使用 SSAW。

1.4.3   直缝埋弧焊

直缝埋弧焊（LSAW）是以单张中厚板为原料，将钢板在模具或成形机中压（卷）成，采用双面埋弧焊接方式并扩径而成进行生产。其成品规格范围较宽，焊缝的韧性、塑性、均匀性和致密性较好，具有管径大、管壁厚、耐高压、耐低温抗腐蚀性强等优点。在建设高强度、高韧性、高质量长距离油气管线时，所需钢管大多是大口径厚壁直缝埋弧。按 API 标准规定，在大型油气输送管道中，当通过高寒地带、海底、城市人口稠密区等一类、二类地区时，直缝埋弧是唯一指定适用管型。按成形方式不同又可分为：UOE——单张钢板在边缘预弯后，经 U 成形、O 成形、内焊、外焊、机械冷扩径等工序；JCOE——按"J—C—O—E"预焊、成形、焊接后经冷扩径等工序；HME——由芯棒滚压法按"C—C—O"成形、焊接后经冷扩径等工序。

1.5   管线钢中非金属夹杂物的危害

1.5.1   管线钢中夹杂物主要类型

非金属夹杂物作为钢中不能够完全去除的物质，不仅影响钢的冶炼过程能否顺行，还影响钢材的强度、韧性、抗疲劳性、抗腐蚀性、焊接性、易切削性等加工使用性能。但非金属夹杂物的利用近年也多有研究，包括利用硫化物改善钢材的切削性能，利用氧化物冶金原理诱发钢内针状铁素体的形成，细化组织，改善钢的强韧性。钢的洁净化是钢材的发展方向，也是当代冶金工作者追求的目标。洁净钢并没有一个具体的定义，对于不同的产品，洁净度要求不同。

国际钢铁协会对洁净钢的定义是：当钢中非金属夹杂物直接或间接地影响产品的生产性能和使用性能时，该钢就不是洁净钢；而如果非金属夹杂物的数量、尺寸或分布对产品的性能没有影响，那么这种钢就可以被认为是洁净钢。钢中夹杂物多以氧化物和硫化物的形式存在，而对于铝镇静钢，钢中溶解氧含量很低，所以一般可以用全氧来表征钢的洁净度水平。随着社会的发展及冶金技术的进步，管线钢的洁净度水平也不断提高，表1-4是宝钢不同时期管线钢洁净度水平的情况，宝钢的T.O从1996年的35ppm不断降低，2007年达到15.8ppm水平，其他杂质元素的含量也在不断降低[23]。

表1-4 宝钢不同时期管线钢洁净度的水平[23] （ppm）

年份	T.O	T.N	T.S	[P]	[H]
1996	35	47	32	134	
1999	24	30	16	89	2
2003	16	30	9	54	1.5
2007	15.8	29	4.8	35	1

在最初阶段，管线钢中主要有以下几类夹杂物。

（1）Al_2O_3 与镁铝尖晶石夹杂物。Al_2O_3 夹杂物的来源主要是脱氧产物及二次氧化。管线钢属于铝镇静钢，在铝脱氧的钢中，Al_2O_3 是常见氧化物夹杂中对生产和钢质影响最大的一类。一方面，Al_2O_3 夹杂物熔点高，浇注过程中在水口沉积，造成结晶器浸入式水口偏流，可能引发结晶器卷渣，影响连铸坯质量，如果水口堵塞严重，还可能造成生产的中断；另一方面，Al_2O_3 属于脆性不变形夹杂，与钢基体的热变形能力差异较大，在热加工的应力作用下，大块的 Al_2O_3 脆性夹杂经变形破碎成具有尖锐棱角的夹杂，并呈链状分布在基体中，这些坚硬的形状不规则的 Al_2O_3 夹杂能将基体划伤，并在夹杂物周围产生应力集中场直至在交界面处形成空隙或裂纹，同时作为应力集中点，在循环应力作用下，造成钢材的疲劳断裂，大大降低钢的力学性能。

（2）MnS 类夹杂物。管线钢由其使用条件对抗腐蚀性能要求很高。氢致开裂（HIC）和硫化物应力腐蚀开裂（SSCC）是管线钢失效、引发事故的重要原因之一。氢致开裂（HIC）和硫化物应力腐蚀开裂（SSCC）与钢中夹杂物尤其是长条状 MnS 有密切关系[24-29]。钢中 MnS 夹杂物主要有三种形态：Ⅰ型 MnS

呈球状，无规则分布，夹杂物为单相或两相，存在于不用铝脱氧的钢中；Ⅱ型 MnS 沿晶界分布或呈扇状分布，存在于用少量铝脱氧钢中；Ⅲ型 MnS 片状无规则分布，存在于加铝量高且有残铝的钢中。基于 MnS 的不同形态特点，在轧制过程中，Ⅰ型和Ⅲ型 MnS 变成椭圆形，而Ⅱ型 MnS 在轧制时将转动到轧制平面方向上形成条状，故Ⅱ型 MnS 具有更大的危害性。Ⅱ型 MnS 是较位错更强的氢陷阱，在轧制过程中在 MnS 夹杂处形成氢的局部富集，一方面会造成氢压在夹杂物处形成微裂纹，另一方面又和裂纹尖端材料作用使尖端金属脆化，从而加速裂纹的扩展。因此在含有 H_2S 成分的油气环境中要特别注意Ⅱ型 MnS 夹杂物对管线钢的 HIC 的影响，为提高管线钢的抗 HIC 性能，应尽量减少其含量，并控制夹杂物的形态。对于此类 MnS，作者通过非水溶液电解的方法，得知二维条件下的条状 MnS 的三维形貌是片状，如图 1-7 所示[30]。

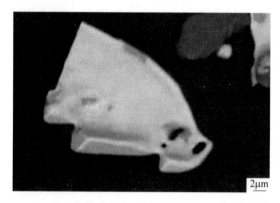

图 1-7　非水溶液电解法分离出来的 MnS 夹杂物[30]

（3）钙铝酸盐类夹杂物。钙处理可以同时对 Al_2O_3 和 MnS 进行变性，消除它们的危害，但如果不能很好地控制钙处理的热力学和动力学条件，钙处理的效果会大打折扣。例如喂钙量不足，很难将 Al_2O_3 变性为低熔点铝酸钙类夹杂物，如 $C_{12}A_7$，生成物往往是高熔点氧化物；如果喂钙量过多，会造成大量 CaS 生成，CaS 是一种高熔点、高硬度夹杂物，同样会堵水口和影响钢的力学性能。

1.5.2　非金属夹杂物引起的水口结瘤

连铸过程中钢水经过浸入式水口进入结晶器，包括管线钢在内的铝脱氧钢钢水中的 Al_2O_3、钙铝酸盐等高熔点的夹杂物会在水口内壁黏结堆积，造成水口部分或完全堵塞。浸入式水口结瘤是影响连铸生产的一个重要问题[31-35]。首先，结瘤导致不得不更换水口，从而影响生产的连续性甚至造成停浇，使得成本增加、生产率降低以及产品质量下降；结瘤改变钢水在水口及水口出口的流动形态，造成由浸入式水口流出的钢水偏流，从而影响钢水在结晶器内的流动，导致产生铸坯表面质量缺陷，严重时会造成漏钢；脱落的结瘤物不仅干扰流动，还容易被凝固前沿捕捉成为铸坯中的大尺寸夹杂物，或者进入结晶器保护渣中改变渣的成分，亦可造成铸坯缺陷；由于水口结瘤，必须通过节流装置进行补偿（增大开口度），这会造成结晶器液面波动，也容易产生铸坯缺陷。

水口结瘤物的机理可能有以下几种：（1）钢液自身的氧化铝夹杂和其他脱氧产物，这些夹杂物会在流动过程中沉积到水口壁面上，这是水口结瘤物的主要来源[36]。（2）钢液与水口耐火材料间的化学反应，造成水口内壁脱碳层的形成，反应生成氧化性气体 SiO 和 CO，氧化钢液中的 [Al] 生成的 Al_2O_3 和钢液自身的氧化铝一起沉积在水口壁面，造成水口结瘤[37]。（3）水口内壁负压或者高温作用下浸入式水口接缝处形成空隙，空气通过水口耐火材料接缝处的隙缝进入钢液，空气中的氧气将氧化钢液中的酸溶铝，生成的氧化铝附着在水口内壁上[38]。（4）水口预热不足形成冷凝钢网状结构造成水口结瘤。Hilty[39] 通过研究发现，当水口保温措施不当或者浸入式水口预热不够时，会导致浸入式水口处有较多的热损失，当钢液流经水口时形成温度梯度，导致钢中 [Al] 和 [O] 过饱和，使得反应 $2[Al] + 3[O] = Al_2O_3$ 向右进行，Al_2O_3 夹杂物析出并向水口壁面沉积；在水口开始浇注时，由于预热不够及钢液向外传热过大会造成钢液在水口内壁凝固，形成凝钢网状结构捕捉夹杂物结瘤。（5）各种复合氧化物。水口结瘤物中有许多不是来源于钢液脱氧产物的非金属夹杂物，出现过结晶器保护渣与脱氧产物形成的复合夹杂物，有研究者发现[40]结晶器上循环流动状态导致保护渣被卷进水口出口附近，与脱氧产物聚合一起形成结瘤物；另外有研究者[41]在结瘤物中发现了钙铝酸盐类和 CaS 夹杂物，主要是钙处理不合理导致形成部分高熔点的夹杂物造成的。

根据结瘤物的种类可将水口结瘤分为三种类型：（1）钢液中夹杂物在水口内黏结结瘤；（2）夹杂物黏结和凝钢混合结瘤；（3）钢水凝结结瘤型。其中钢水凝结水口结瘤主要是由于水口预热不足引起的，通过加强管理和强化操作，能够避免。很多研究者对水口结瘤物的宏观形态进行了分析和观察，发现实际生产中出现的水口结瘤现象基本都是前两种情况。铝脱氧钢水口结瘤物一般由三层结构组成，分别为脱碳层、致密氧化铝层和疏松堆积氧化铝层。图 1-8 所示为铝碳质水口脱碳层、致密氧化铝层及疏松堆积氧化铝层的水口照片[42]。水口本体脱碳层位于水口内壁表层，厚约 0.5~1.0mm，脱碳层的形成主要是因为水口耐火材料中的碳在浇注温度下极易被氧化，在水口内壁表面形成凹凸不平的脱碳层，经常出现 Al_2O_3 与凝钢小颗粒的混合黏结；致密网状氧化铝层紧挨水口耐火材料脱碳层，主要是耐火材料本身的 Al_2O_3 和钢液中的 Al_2O_3 聚集黏结在水口壁面产生的，其结构呈现为致密的网状，氧化铝颗粒间含有较多的微细铁粒；疏松堆积状氧化铝层结构疏松，Al_2O_3 的沉积主要靠钢水的涡流作用将悬浮在钢液中的氧化铝推至水口壁。与钢水接触的氧化铝颗粒具有较高的界面能，逐步烧结积聚黏结成链状或簇状，黏附在水口壁上造成水口堵塞；随着氧化铝层的不断烧结，致密度不断提高。

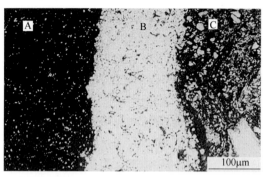

图 1-8 水口结瘤物的结构[42]

表 1-5 列出了文献中防止水口堵塞的具体措施。通过以上水口结瘤机理的分析可知，减少管线钢水口结瘤最有效的方法是提高管线钢钢水洁净度，减少管线钢钢水中易引起结瘤的高熔点夹杂物的浓度；优化保护浇注措施，减少或避免管线钢钢水二次氧化生成高熔点 Al_2O_3 等。

表 1-5 预防水口结瘤的具体措施

预防措施	具 体 功 能	文献
提高钢水洁净度	采用真空精炼手段，减少钢液中夹杂物	[43]
	防止二次氧化，长水口保护浇注，中间包覆盖剂，紧固水口接缝处	[44]
	中间包流场优化去除夹杂物	[45，46]
	电磁中间包去除夹杂物	[47]
	防止卷渣，保护浇注	[48]
浸入式水口氩气保护	氩气薄层可以阻止易堵塞夹杂物接触水口壁面	[49]
	氩气会冲洗掉附着在水口壁面上的夹杂物	[50]
	吹入氩气后水口内压力增加，减少空气吸入	[51]
	氩气能阻止钢液与耐火材料的反应	[52]
水口结构优化设计	吹入氩气后水口内压力增加，减少空气吸入	[53]
	增加水口耐火材料接缝处密实度，防止吸入空气	[54]
	采用环状梯形水口改变流动状态，平整水口壁面	[55]
改善水口材质	低导热率的低碳或无碳材料，防止钢水温度过低，甚至凝固	[56]
	使用不含 SiO_2 或者无碳材料，防止水口材料反应，形成 Al_2O_3，减少脱碳引起水口表面粗糙度	[57]
	采用 BN、ZrO_2、Si_3N_4 等材料，减少接触角，避免由于界面张力使 Al_2O_3 夹杂物黏附在耐火材料表面上	[58]

预防措施	具 体 功 能	文献
钢水钙处理	将高熔点夹杂物改性成低熔点的铝酸钙类夹杂物	[59，60]
采用电磁水口	实现低过热度浇注	[61]
	通过电磁力减少水口入口处湍流回旋区，改变钢水流动形态	[62]
控制钢水浇注温度	中间包电磁感应加热、等离子加热等	[63]

1.5.3 非金属夹杂物对管线钢疲劳性能及强韧性的影响

钙铝酸盐夹杂物能够导致管线钢产生疲劳裂纹。图 1-9 所示为采用扫描电镜（SEM）原位动态跟踪观察的疲劳载荷作用下国产 X80 管线钢中不同形状和尺寸的夹杂物导致裂纹萌生、扩展乃至试样断裂的全过程。疲劳裂纹首先在夹杂物/钢基体界面的基体一侧萌生，然后向远离夹杂物的基体中扩展。夹杂物尺寸越大，疲劳裂纹萌生越早，管线钢寿命越短[64]。

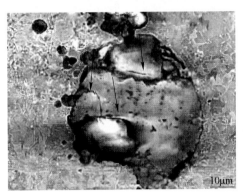

(a) N=0

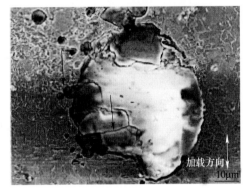

(b) N=1710815

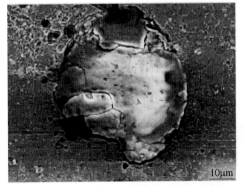

(c) N=2048705

(d) N=2181519

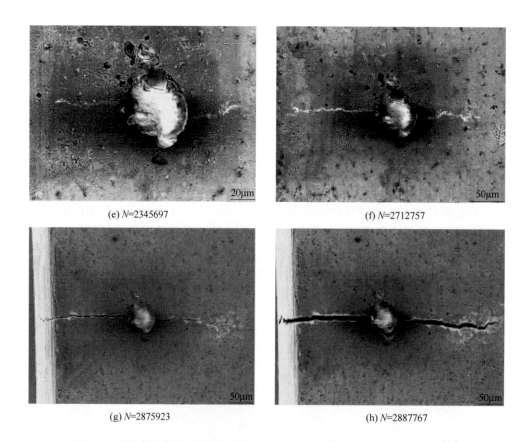

(e) N=2345697　　　　　　　　　　(f) N=2712757

(g) N=2875923　　　　　　　　　　(h) N=2887767

图 1-9　疲劳载荷作用下管线钢中夹杂物导致裂纹萌生与扩展的微观行为[64]

非金属夹杂物也会影响管线钢的冲击韧性。图 1-10 所示为管线钢冲击断口

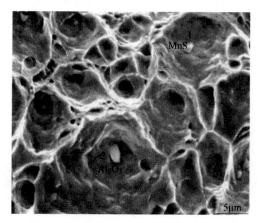

图 1-10　管线钢冲击断口韧窝处的夹杂物[65]

韧窝处的夹杂物[65]。由图中可以发现，在很多韧窝中心处都发现了 Al_2O_3 或 MnS 类的非金属夹杂物，夹杂物尺寸越大、外形越尖锐，韧窝也越大。夹杂物是冲击过程空穴产生的最有利位置，冲击时夹杂物周围会产生应力集中，导致生成裂纹；并且条状夹杂物会对管线钢基体产生割裂作用，使裂纹在钢中形成的机会增多。

1.5.4 非金属夹杂物对管线钢抗腐蚀性能的影响

硫化物夹杂会导致管线钢产生氢致裂纹。管线钢氢致裂纹形成的原因如图 1-11 所示[66]。由图可以看出，在长条状的 B 类夹杂物处形成氢的局部富集，在夹杂物与管线钢基体间产生应力集中，从而形成微裂纹。钙处理对硫化物改性过程中，T. Ca/T. S 间接反映了硫化物的改性程度，管线钢抗 HIC 敏感性随 T. Ca/T. S 的变化而变化。为了降低 HIC 的发生，应当将 T. Ca/T. S 控制在一个合理范围内[67]。

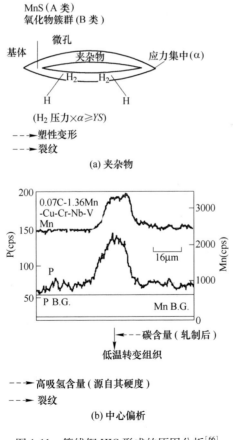

图 1-11 管线钢 HIC 形成的原因分析[66]

Domizzi 等人研究发现管线钢 HIC 敏感性与钢中硫含量没有直接联系，而主要与钢中 MnS 的平均长度以及单位面积钢中 MnS 的总长度有关，如图 1-12 所示[68]，图中的超声波衰减水平表征了氢致裂纹的长度。

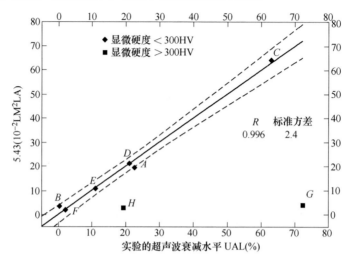

图 1-12　HIC 敏感性实验值与计算值的比较，计算值为 MnS 平均尺寸（LM）和
单位面积 MnS 总长度（LA）的函数[68]

Al_2O_3 含量较高的 B 类非金属夹杂物也会导致管线钢氢致开裂，结果如图 1-13 所示[24]。研究发现裂纹易于在排成条串状的 B 类夹杂物间扩展，并相互连接成长条裂纹。结果表明，B 类夹杂物级别越高，其敏感性越大。管线钢中 T. Al 含量和 T. S 含量越高，其夹杂物级别越高，非金属夹杂物数量越多，氢致开裂敏感性也越大。住友金属的研究表明，含有钙、铝、硫元素的低熔点钙铝酸盐 B 类

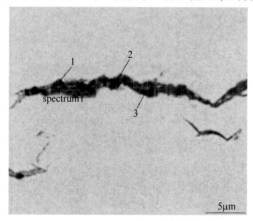

图 1-13　管线钢 HIC 形成的原因分析[24]

夹杂物是管线钢产生 HIC 裂纹的源头。通过调整管线钢中夹杂物中 CaO、CaS 和 Al_2O_3 的成分，可以避免出现大尺寸的 B 类夹杂物，从而防止管线钢 HIC 裂纹的产生[69]。

在对非金属夹杂物的要求方面，随着铁水预处理和炼钢、精炼脱硫技术的进步，管线钢中 MnS 已经得到较好的控制。铸坯中低熔点钙铝酸盐在轧制过程中容易变成长条状夹杂物，此类长条状夹杂物按 ASTM 分类标准属于 B 类夹杂物，同 A 类 MnS 一样可以引发 HIC，同时引发大板坯的各向异性，严重的能造成探伤不合。当其尺寸达到或超过 ASTM2.5 级，即 554.7μm，就属于 B 类夹杂物超标，整个批次产品将被判废。宝钢曾经出现 X52 管线钢钢板由夹杂物造成的批量探伤不合[70]，如图 1-14 所示，夹杂物的成分是 Al、Ca 和少量的 S 等元素，含有微量的 Si 元素，没有发现 K、Na、F 和 Zr 等元素。研究发现造成钢板探伤批量不合格的原因是复合夹杂物聚集于板坯内弧 1/4 厚度处[71]。作者认为 B 类夹杂物非外生夹杂，而是精炼阶段钙处理及其后续浇注过程中生成了高熔点的钙铝酸盐和硫化钙的复合夹杂，上浮不充分导致[72]。为了促进该类型夹杂物的去除，宝钢采取了适当提高过热度的做法，并取得了一定的效果。推测其机理是高过热度降低了钢液的黏度，从而促进了夹杂物的上浮去除。

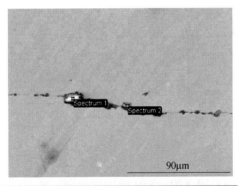

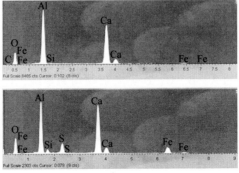

图 1-14　宝钢中厚板 B 类夹杂物形貌及成分[70]

李永东等[73]对首钢管线钢中 B 类夹杂物探伤不合样品进行了研究，结果如图 1-15 所示。发现该类夹杂物为 Al_2O_3 含量在 54%~58% 之间的低熔点钙铝酸盐夹杂物，和软吹后钢中夹杂物的成分相似。他们认为这一类夹杂物是充分改性的，并非外来夹杂物，而是来自软吹后尚未从钢中上浮去除的钙铝酸盐夹杂物。作者还认为优化钙处理后的软吹工艺可以促进夹杂物的上浮去除，但并未给出优化结果。张卫华等[74]对 X80 管线钢中夹杂物进行了研究，发现其中 B 类夹杂物的主要成分为低熔点钙铝酸盐（图 1-16）。NKK 公司的 Uchida 等[66]在 UOE 管中发现了大尺寸的条串状 $CaO-Al_2O_3$ 系夹杂物，夹杂物中含有少量 SiO_2 和 MgO。研究发现夹杂物成分与钢包渣类似，是浇注换包时钢包渣卷入中间包内造成的。

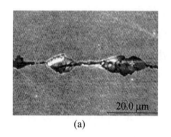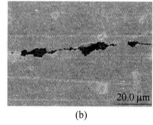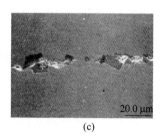

(a)　　　　　　　　　　　(b)　　　　　　　　　　　(c)

图 1-15　首钢管线钢板中发现的 $CaO-Al_2O_3$ 系 B 类夹杂物[73]

检测位置	O	Al	Ca	Fe
颗粒 1	33.26	30.85	32.69	3.21
颗粒 2	3.73	33.49	32.78	—
颗粒 3	33.10	32.97	33.93	—

图 1-16　X80 管线钢中 B 类夹杂物形貌及成分[74]

我国西气东输二线采用 X70、X80 级别管线钢，要求 A 类（MnS）夹杂物和 B 类（$CaO-Al_2O_3$ 系条串状夹杂物）夹杂物的评级小于 2.0，即在试样夹杂物检验最差视场夹杂物总长度分别小于 436μm、343μm，以避免轧制后成为氢致裂纹与应力腐蚀裂纹源。从中国石油天然气集团公司的反馈来看，新日铁送交西气东输二线检验的管线钢的 A、B、C、D 类夹杂物均为零级，而国内最好水平为 2% 的不合率。

管线钢中夹杂物的控制要兼顾夹杂物的膨胀系数，防止焊接热影响区钩状裂纹的出现。图 1-17 所示为管线钢 ERW 焊接后在焊接熔合线附近出现的钩线状裂纹，裂纹沿金属流线方向裂开，距焊接熔合线 0.6mm，截面长度 1.56mm。能谱分析裂纹尖端和边部存在少量 Al_2O_3、CaO 和 CaS 夹杂组分，裂纹两侧基体未发现氧化质点。

图 1-17 管线钢 ERW 焊接熔合线附近出现的钩线状裂纹

　　管线钢的不同用途、不同生产和焊接工艺导致对夹杂物类型有不同的要求，这也是导致不同管线钢生产厂家及管线钢夹杂物研究者对管线钢钙处理使夹杂物变性控制观点产生分歧的原因。

2 管线钢夹杂物的研究现状

2.1 管线钢脱氧过程夹杂物的生成

转炉吹炼结束后，钢中氧含量达到很高的水平。铝是管线钢最通用的脱氧剂，钢中大多数非金属夹杂物是在铝脱氧过程中产生。图 2-1[75] 所示为 1873K 下钢液中 Al-O 平衡关系，当钢液中的溶解铝含量增加，钢液中的溶解氧先减少后增加，溶解氧最低可达几个 ppm。通常管线钢中的铝含量在 0.025% ~ 0.04% 的范围内，此时钢中的溶解氧可以降低到 10ppm 以下。

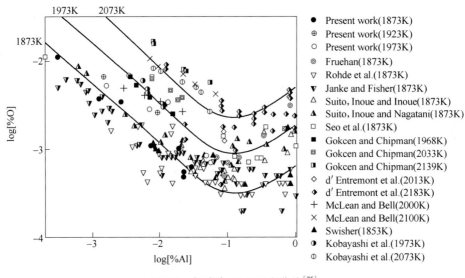

图 2-1　钢液中 Al-O 平衡曲线[75]

图 2-2[76] 所示为加铝脱氧后钢中不同形貌的氧化铝夹杂物，图 2-2（a）为球状氧化铝，图 2-2（b）为树枝状氧化铝，图 2-2（c）为花瓣状氧化铝，图 2-2（d）为片状氧化铝，图 2-2（e）为不规则及簇状氧化铝，氧化铝夹杂物的形貌主要和钢中合金元素的过饱和度有关。图 2-3[77] 所示为钢中氧化铝夹杂物析出长大机理示意图。当铝被加入钢中后，铝和氧可以迅速反应生成 Al_2O_3 夹杂物，由于不同位置的元素浓度过饱和度不同，图中氧化铝夹杂物形状随过饱和度的降低而从树枝状逐渐向块状夹杂物演变，此时夹杂物的棱角分明。随着反应的进行，

夹杂物先不断聚合长大，再逐渐烧结，表面变得光滑圆润没有棱角。整个过程中都伴随着部分夹杂物的上浮去除。

(a) 球状　　　　　　　　　　(b) 树枝状

(c) 花瓣状　　　　　　　　　(d) 片状

(e) 不规则及簇状形状

图 2-2　加铝脱氧后观察到的氧化铝夹杂物三维形貌（0min）

近年来，MgO-C 和 MgO-CaO-C 耐火材料广泛应用，以及部分精炼渣中含有一定量的 MgO，因此，随着反应的进行，钢中镁含量逐渐增加，镁铝尖晶石夹杂

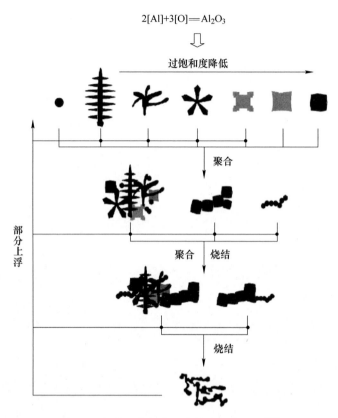

图 2-3　钢中氧化铝夹杂物析出长大机理[77]

物的生成很难避免。镁铝尖晶石夹杂物是一个泛称，并不专指 MgO 和 Al_2O_3 按分子 1∶1 组成的物质，而是指由 MgO 和 Al_2O_3 组成的物质。镁铝尖晶石属立方晶系，有规则的几何形状（菱形、长方形、梯形及其他）。镁铝尖晶石夹杂物具有高熔点、高硬度的特点，轧制过后夹杂物不变形，会导致产品产生缺陷[78-80]。为了控制钢中 $MgO \cdot Al_2O_3$ 夹杂物的生成，很多研究者对这类夹杂物在钢中产生的机理进行了研究。根据前人的研究成果，钢中 $MgO \cdot Al_2O_3$ 夹杂物的产生机理目前主要有以下四种模型：（1）碳还原模型[81]；（2）铝置换模型[82]；（3）直接反应模型[83-85]；（4）晶体化模型[80]。然而，由于钢种、冶炼工艺，以及实际生产条件不同，钢中镁铝尖晶石夹杂物的产生机理也必然有所不同。

　　许多学者[80,83-87]都对钢中 Mg-Al-O 系夹杂物的热力学稳定相图进行了计算。其中 Itoh 等[83]测定和总结了一套铝、镁之间的一阶和二阶相互作用系数，图2-4所示为用此数据计算的经典的钢中 Mg-Al-O 系夹杂物的热力学稳定相图。用此图可以根据钢液成分对钢中夹杂物的成分类型进行预测；同时可以得出，当钢液中夹杂物的铝含量超过 0.001% 时，只需要几个 ppm 的镁，就能生成镁铝尖晶石夹杂物。

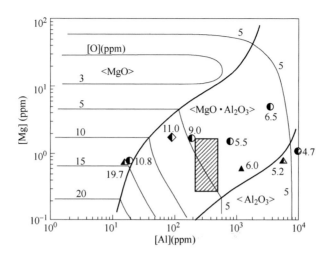

图 2-4 钢中 Mg-Al-O 系夹杂物的热力学稳定相图[83]

2.2 管线钢中非金属夹杂物的去除

造成管线钢产品超声波探伤不合的夹杂物的共同特点是尺寸较大。因此，减少管线钢中大颗粒夹杂物的数量是夹杂物控制的重要任务。由图 2-5[88] 和图 2-6[89]可以看出，随着铝镇静钢中总氧含量的增加，大尺寸夹杂物和夹杂物总量都随之增加。因此，提高管线钢中氧化物夹杂的去除效果，可以有效降低管线钢中总氧含量和提升钢液的洁净度水平[90]。

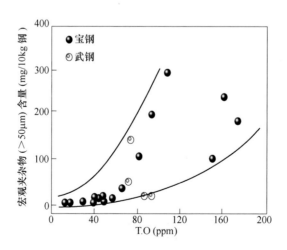

图 2-5 T.O 与宏观夹杂物数量之间的关系[88]

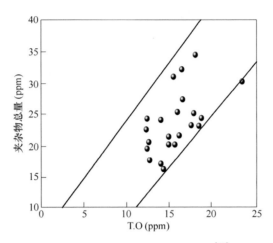

图 2-6　T. O 和夹杂物总量的关系[89]

2.2.1　脱氧产物的上浮去除

转炉出钢采用铝终脱氧后，钢液中主要是 Al_2O_3 夹杂物。Van Ende[91,92]、Wakoh[93]、Hiroki[94,95]等对脱氧后 Al_2O_3 夹杂物的初期生成和长大的行为开展了试验和理论研究，如图 2-7 所示。发现钢水中初始氧含量和加入的铝含量是决定 Al_2O_3 初始数量、尺寸和形貌的主要因素。随着初始氧含量越高，脱氧后氧化铝夹杂物尺寸越大，且数量越多。

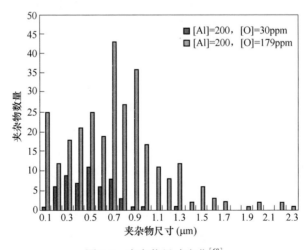

图 2-7　夹杂物尺寸变化[68]

上述研究结果表明，在出钢过程一次性加入足够的铝，将有利于大尺寸氧化铝的生成。而 Al_2O_3 与钢液的润湿性差，很容易聚合成簇群状并上浮去除。因此，在出钢初期即可大幅度降低 T. O。当钢中大尺寸夹杂物上浮去除后，残余的小尺寸夹杂物则很难有充分的时间上浮去除。但是，由于钢中夹杂物数量很多，夹杂物通过碰撞、聚合和长大等行为变化引起尺寸逐渐增加，从而被去除的几率大为增加[96]。

通过激光共聚焦显微镜（CSLM）可以直接观察研究夹杂物的聚合行为[97-99]。尹洪斌等发现夹杂物聚合机理为：首先由单个 $1\mu m$ 左右的夹杂物将附近同样大小的夹杂物吸引，碰撞形成 $2\sim3\mu m$ 左右的小尺寸聚合物，然后，此小型聚合物继续吸引单个夹杂物或其他小型聚合物，形成 $5\sim10\mu m$ 左右的中间尺寸聚合物（图 2-8）。同时，发现固态与固态、固态与半液态和液态夹杂物之间均存在相互吸引力，而液态夹杂物之间没有相互引力[100-102]。因此小尺寸的液态夹杂物很难聚合长大。

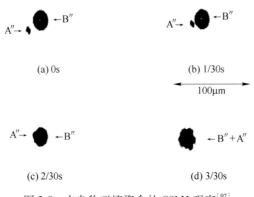

图 2-8 夹杂物碰撞聚合的 CSLM 观察[97]

2.2.2 吹氩搅拌去除夹杂物

钢包吹氩操作不仅能够起到均匀钢液成分和温度的作用，还能够促进夹杂物的去除。张立峰教授在此方面做了大量研究，包括钢包钢液流动模拟、合金混匀、气泡浮选去除钢中非金属夹杂物等[103-108]。朱苗勇等[109-111]比较了中心底吹和偏心底吹条件下的钢包内流场分布。在中心底吹条件下，上涌的钢液在液相表面改变流向向钢包壁水平流动，而后沿钢包壁向下流动，形成两个小循环，偏心底吹条件下，会形成大循环。在偏心底吹条件下，因为气流左边不对称循环区的形成使得气流偏向钢包壁，钢包液面钢液以水平流动为主，夹杂物具有较长的停留时间，因此更有利于夹杂物的上浮去除；并且底吹位置距离中心越远，产生的混合效果越好，非常有利于钢液的混合均匀。但偏心底吹也存在一定的不足，即当底吹位置距离钢包侧壁较近时，会对钢包侧壁产生较大冲击，对耐火材料壁面存在一定的侵蚀作用。因此，底吹氩口位置不能过于靠近钢包侧壁。

张立峰提出夹杂物颗粒与气泡碰撞并黏附于气泡的机理[112]。夹杂物颗粒被气泡捕获可分解为以下几个过程：（1）夹杂物向气泡靠近并发生碰撞；（2）在夹杂物与气泡间形成液膜；（3）夹杂物在气泡表面振动与滑移；（4）形成动态三相接触使液膜排除和破裂；（5）在外应力条件下夹杂物与气泡聚合物稳定化；（6）夹杂物与气泡聚合物的上浮。Wang 等[113] 的研究也发现了类似的夹杂物颗粒被气泡捕获的结果，如图 2-9 所示。

关于钢包吹氩去除夹杂物的研究较多，薛正良[114] 研究发现小孔径透气砖及小流量吹氩有利于产生小气泡，通过增加透气砖面积，可以达到增加气泡数量的目的，进而提高夹杂物去除效率。

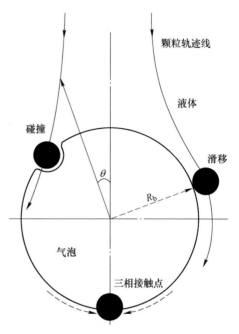

图 2-9　气泡黏附夹杂物示意图[113]

朱苗勇[115] 研究了钢包内夹杂物的数量分布和直径分布，两相区内夹杂物主要由气泡与夹杂物碰撞被携带到达钢液表面，这个区域夹杂物数量比渣眼和近壁面循环区的少，平均直径更小。另外有研究表明[116,117]，当采用多孔透气砖向钢液吹氩时，根据吹气流量的大小存在三种不同的气泡状态：当吹气流量较小时，形成均匀细小分散的稳定气泡流，气泡尺寸在上升过程中基本不变；随着流量增加，气泡流开始产生脉动，气泡脱离透气砖后互相碰撞而合并长大；当流量继续加大时，气体在透气砖表面连成一片，形成很大的气袋后脱离透气砖。后两种气泡流状态会引起强烈的表面湍流，造成钢液卷渣吸气[118,119]。由此可知，钢包吹氩对夹杂物的去除主要由气泡尺寸和气泡数量决定[120-122]。底吹氩气对于较小尺寸夹杂物去除效果不够理想，主要原因是气泡尺寸很难控制到合适范围，且气量控制需经优化[123,124]。另外一种思路是在钢包长水口内吹入氩气。Evans 等[125] 研究指出，湍流流体中的气泡尺寸随湍流强度的增大而减小，将氩气引入具有足够湍流强度的钢流中可以实现将大气泡击碎成小气泡。

2.2.3　精炼渣对夹杂物的影响

夹杂物上浮之后，必须进入顶渣之中才有可能实现有效的去除。Valdez[126] 研究了 $CaO\text{-}SiO_2\text{-}Al_2O_3$ 系渣吸收固态氧化物夹杂的能力。研究发现，夹杂物在渣中溶解时间的决定因素是渣的过饱和度和渣黏度的比值（$\Delta C/\eta$），$\Delta C/\eta$ 越大，夹杂物在渣中的溶解时间越短，溶解速度越快，如图 2-10[126] 所示。Bruno 等[127] 同样发现了铝镇静钢的精炼过程中，渣对夹杂物的吸附效率与 $\Delta C/\eta$ 成正比，具体如图 2-11 所示。

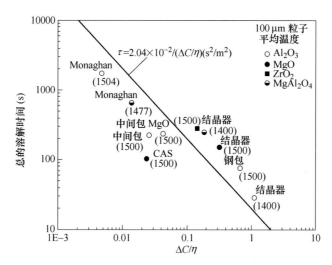

图 2-10 不同夹杂物在 $CaO\text{-}SiO_2\text{-}Al_2O_3$ 系渣中的溶解时间与 $\Delta C/\eta$ 的关系[126]

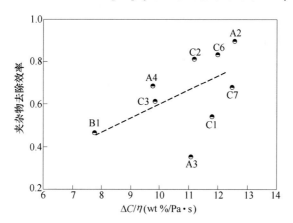

图 2-11 三钢种精炼过程中夹杂物去除效率与 $\Delta C/\eta$ 的关系[127]

Choi 等[128]研究了 Al_2O_3 在熔融 $CaO\text{-}SiO_2\text{-}Al_2O_3$ 渣系中的溶解速度，结果表明最高溶解速率发生在 $CaO\text{-}Al_2O_3$ 二元系 CaO 饱和时；在 SiO_2/Al_2O_3 比例固定时，CaO 含量升高，溶解速率升高；在 CaO 含量固定时，Al_2O_3 含量升高会使溶解速率增大。

日本爱知制钢的研究显示[129-131]，钢中总氧随精炼渣碱度的升高而降低，如图 2-12 所示。对于超低氧钢的生产来说，精炼渣碱度控制在 5.0～7.0 有利于钢中氧含量的降低。Yoon 等[132]研究发现对钢中总氧含量影响最大的是精炼渣中

CaO/Al$_2$O$_3$ 的比值，随着渣中 CaO/Al$_2$O$_3$ 范围从 2.0~4.4 减小到 1.2~2.0，总氧含量从原来的平均为 12ppm 降低到 8ppm，如图 2-13 所示。这是因为渣中 CaO 量一定时，提高渣中 Al$_2$O$_3$ 含量，精炼渣的流动性增加，对降低钢中总氧有利。

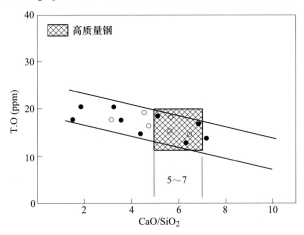

图 2-12　精炼渣碱度与 T.O 的关系[129]

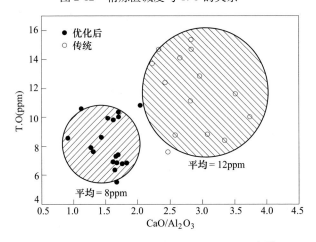

图 2-13　精炼渣 CaO/Al$_2$O$_3$ 与 T.O 的关系[129]

　　精炼渣对管线钢中非金属夹杂物的改性作用非常重要。Suito[133] 认为当存在足够充分的动力学条件，即钢液、精炼渣和夹杂物完全达到平衡时，钢中的夹杂物的成分应该与顶渣成分接近，说明精炼渣对夹杂物的改性不可忽视。任英等[134] 建立了渣-钢-夹杂物平衡反应热力学模型，可预测不同精炼渣成分对钢液成分、脱硫、夹杂物成分、夹杂物熔点等的影响。图 2-14 所示为预测的不同精炼渣成分对夹杂物中的 Al$_2$O$_3$ 含量影响。因为高碱度渣会增加钢液中的 [Al] 含量，故夹杂物中的 Al$_2$O$_3$ 含量随渣碱度的增加而增加。Park 等研究了 40%CaO-10%MgO-10%CaF$_2$-Al$_2$O$_3$-SiO$_2$ 精炼渣中 SiO$_2$ 含量对铝脱氧钢中夹杂物成分的影响，结果如图 2-15 所示[135]。随着渣中 SiO_2 含量的增加，反应后夹杂物中 SiO_2 和 CaO 含量增加。同时其开发了渣-钢-夹杂物-耐火材料的反应动力学模型，可实现对精炼渣钢中非金属夹杂物进行预测。Harada 等[136] 研究了精炼渣成分对铝镇静钢中尖晶石类夹杂物改性效果的影响，结果如图 2-16 所示。由图可知，随着精炼渣中 CaO/SiO_2 和 CaO/Al_2O_3 含量的增加，可以实现镁铝尖晶石类夹杂物的改性；随着渣中 MgO 含量的降低，镁铝尖晶石类夹杂物生成的概率降低。

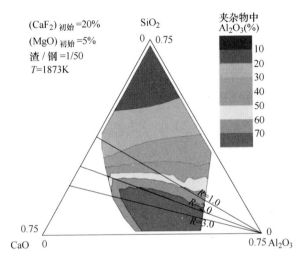

图 2-14　精炼渣成分对夹杂物中 Al_2O_3 含量的影响[134]

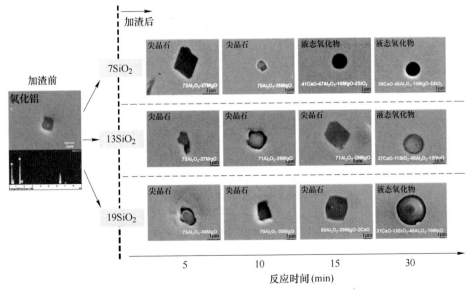

图 2-15　精炼渣中 SiO_2 含量对铝镇静钢中尖晶石夹杂物改性效果的影响[135]

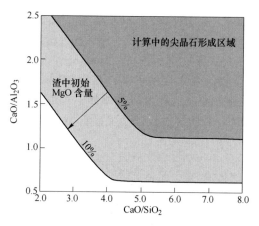

图 2-16　精炼渣成分对铝镇静钢中尖晶石夹杂物改性效果的影响[136]

王新华等[137] 对 X80 管线钢板 B 类夹杂物采用了新的控制策略，结果如图 2-17 所示。将控制重点由以往侧重在钢液钙处理后去除低熔点 CaO-Al₂O₃ 系夹杂

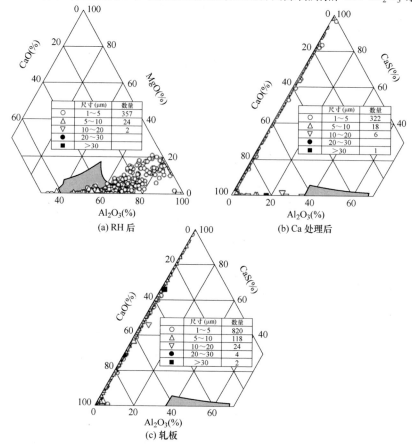

图 2-17　管线钢冶炼过程中非金属夹杂物的成分演变[137]

物，改为在钙处理前强化去除钢液中夹杂物，尤其是较大尺寸夹杂物，为此将 RH 精炼时间增加了 1 倍。采取新控制策略后，RH 精炼后夹杂物数量大幅度降低，钙处理效果显著提高，钢板中检测到的 B 类夹杂物检验绝大多数为 0 级。但是，管线钢中生成全部为高熔点 CaO-CaS 系夹杂物，同样可能会对管线钢的性能产生危害。张学伟等[138]对没有进行钙处理工艺的管线钢中的非金属夹杂物进行了调研，研究发现冶炼过程夹杂物的转变路径为 MgO·Al$_2$O$_3$→MgO·Al$_2$O$_3$·CaO→MgO·Al$_2$O$_3$·CaS。并通过非水溶液电解的方法，揭示了管线钢冶炼过程中非金属夹杂物的三维形貌，典型结果如图 2-18 所示。从图中可以发现大量球形的钙铝酸盐夹杂物。同时，在球形钙铝酸盐表面有很多 CaS 夹杂物生成。此工业试验说明了只通过渣精炼也可以将钢中非金属夹杂物改性为液态钙铝酸盐。

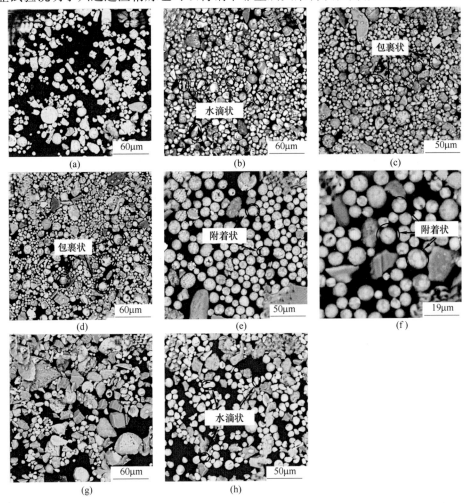

图 2-18　管线钢中非金属夹杂物的三维形貌[138]

2.3　钙处理改性管线钢中非金属夹杂物

2.3.1　钙处理的工艺方法及原料

钙处理是目前工业生产中常用的改性钢中夹杂物的方法。实践证明，对钢水进行钙处理能有效将钢中 Al_2O_3 夹杂物转变为较低熔点的钙铝酸盐夹杂物，减弱夹杂物对钢材性能和浇注时水口结瘤的危害[139]。

钙的熔点为 850℃，在 1600℃时，钙的蒸气压为 $1.8×10^5Pa$，1600℃和 $P_{Ca}=4×10^5Pa$ 时，钙的饱和溶解度为 0.032%。由于钙自身的性质，为了提高钢液喂钙的收得率及改善钙处理效果，历史上先后出现过四种喂钙方式[124]。

（1）直接加入法。将块状物随着出钢流和脱氧剂一起加入钢包中，然后吹氩搅拌，这种方法对于钙处理的效果极不稳定，且钙的收得率很低。

（2）喷吹法。通过耐火材料喷嘴用氩气做载气，将粉料直接喷吹到钢包底部，钙合金粉出喷嘴后，与 1600℃钢液相遇，钙立即以液态或气态进入钢液，以 Ar-Ca 气泡形式上升到钢液表面，同时起到搅拌及良好的混匀作用，钢中钙的收得率可达 1.5%~2.0%。

（3）弹射法。日本住友公司成功地开发出用于处理钢液的装置，将铝丸装入其中，以高速射到钢液深部，钢液中钙可达 30~50ppm，同时［Al］高有利于提高钙的收得率。

（4）喂丝法。钢包喂线最早是应用于喂铝线，现在已经成功地把此发明用于喂钙。将钙或者钙合金用钢皮包成钙线，通过喂丝机的导引管将其以很高的速度插入钢液。喂丝过程中同时伴随惰性气体搅拌，以增加钙的蒸气泡在钢液中的停留时间和良好的混合。

图 2-19 所示是常见的喂线装置。目前此种方法是应用最多的喂钙方式，所应用的钙线也有很多种，如钙铁线、硅钙线、纯钙线等。

2.3.2　氧化物的改性

管线钢钙处理的主要作用是改性 Al_2O_3 类夹杂和硫化物类夹杂，进而改善钢液的可浇性，提高钢材的力学性能和抗腐蚀性能。现在钙处理已经是管线钢生产不可缺少的一道工序。但钙处理加钙量过多和过少都会引起固态夹杂物的生成，因此，研究钙处理的最优加钙量对钢中夹杂物的精准改性非常重要。

钙加入钢液中对氧化物改性机理有两种，第一种是钙以元素的形式对氧化物进行改性。Holappa 等人[140]研究提出了钢中的溶解钙与 Al_2O_3 结合生成 CaO 并向钢液中释放铝。Hilty 等人[141]的研究中发现了钙处理 Al_2O_3 的过程是 Al_2O_3 →CaO · $6Al_2O_3$→CaO · $2Al_2O_3$→CaO · Al_2O_3→CaO · xAl_2O_3（1）的顺序。Ye 等

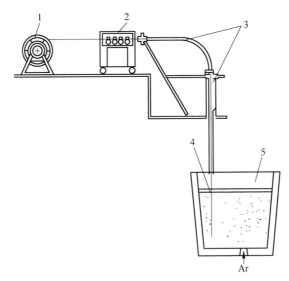

图 2-19 喂丝设备布置示意图[124]

1—线卷装载机；2—辊式喂丝机；3—导管系统；4—包芯线；5—钢包

人[142]根据此反应顺序提出了钙处理未反应核模型，该模型认为钙、氧、硫向固体 Al_2O_3 表面扩散，首先在 Al_2O_3 表面生成 $CaO \cdot 6Al_2O_3$，随着向内扩散的进行在 $CaO \cdot 6Al_2O_3$ 表面生成 $CaO \cdot 2Al_2O_3$，依次反应最终在表面生成液态 $CaO \cdot xAl_2O_3(1)$，夹杂物中心为未反应的 Al_2O_3，随反应的进行越来越小，但是没有给出未反应核模型的实验依据。Ito 研究发现了典型的未反应核模型夹杂物变性过程，夹杂物中心为未反应的 Al_2O_3，而周围是反应生成的钙铝酸盐，对 Ye 的理论做出了实验验证。

另一种改性机理是钙先与钢中氧和硫反应，生成的 CaO 或 CaS 再对氧化物进行变性。Saxena 等人[143]研究发现，向钢中喂入 $CaO-CaF_2-Al$ 后簇状 Al_2O_3 被变性为低熔点的钙铝酸盐，说明 CaO 与 Al_2O_3 能直接反应。Lind[144]将纯 CaO 和 Al_2O_3 分别制成圆棒状，将两个圆棒截面对一起在不同温度下加热反应，在界面处得到了液态钙铝酸盐，同样也说明了 CaO 和 Al_2O_3 高温下能直接反应。

铝酸钙有 5 种，但在精炼温度下为液态的只有 $C_{12}A_7$（$12CaO \cdot 7Al_2O_3$）、C_3A（$3CaO \cdot Al_2O_3$），钙处理时氧化物变性不完全会生成高熔点 CA_6 等，同样会堵塞水口。钢中加入钙过量时则会生成高熔点 CaO 和 CaS，对钢液可浇性和钢材质量同样有害。因此钙处理控制有一个"液态窗口"，即钢中钙加入量有上、下限。国内外对钙处理过程的热力学计算有大量研究。Larsen[145]和 Fruehan 指出钙在加入钢水中会同时与钢中氧、硫发生竞争性反应，钢中的硫含量限制了钙对氧化物的改性，并提出目标钙铝酸盐和钢中 Al-S 建立平衡关系。在充分考虑硫元素的作用后，Holappa[140]、Janke[146] 等人提出了基于 Fe-O-Ca-Al-S 系的夹杂物"液态窗口"控制模型，液态窗口控制的关键是氧化物夹杂的良好改性和固相 CaS 的析出控制。图 2-20 反映了不同 T. O 含量和硫含量对实现夹杂物液态化的影响，在硫含量较高时，"液态窗口"变窄，表明较高的硫含量不宜进行钙处理。作者对使用经典热力学对钙处理的热力学计算进行了总结，并使用 FactSage 热力学软件进行了精确钙处理的计算，图 2-21 所示正是计算了不同温度和钢液成分条件下，达到完全液态窗口所需喂钙量的云图[147]。

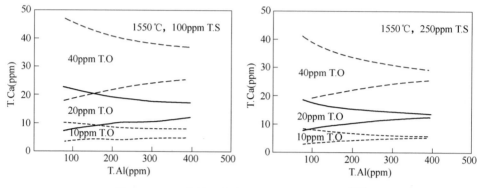

图 2-20　T. O 含量和硫含量对液态窗口的影响[140]

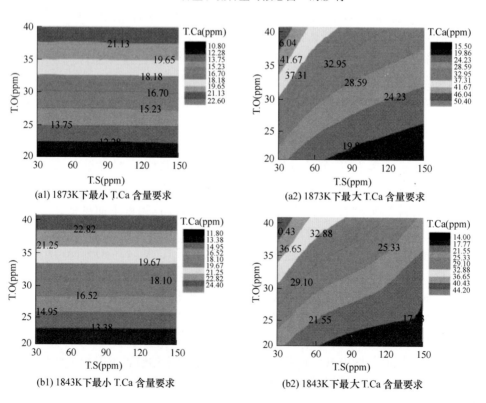

(a1) 1873K 下最小 T.Ca 含量要求

(a2) 1873K 下最大 T.Ca 含量要求

(b1) 1843K 下最小 T.Ca 含量要求

(b2) 1843K 下最大 T.Ca 含量要求

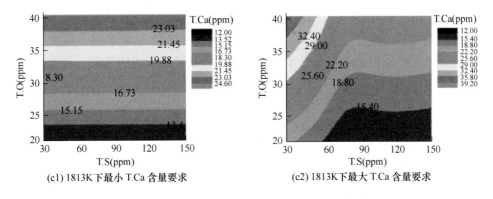

(c1) 1813K下最小 T.Ca 含量要求　　　　(c2) 1813K下最大 T.Ca 含量要求

图 2-21　不同钙处理条件下的计算结果云图[147]

Holappa 等[60]研究发现，随着温度的降低，生成液态夹杂物所需要的钢中钙和铝的含量范围就变得越窄；随着钢中氧含量的降低，在同样硫含量的条件下，要生成液态夹杂物所需钢中的钙和铝含量范围变窄，并且使氧化铝变成液态夹杂物需要的钙含量也降低；随着硫含量的增加，在同样氧含量的情况下，生成液态夹杂物的范围变窄[148-150]。Shiro 等[151]提出了钙处理过程中 Al₂O₃ 夹杂物转变模型，发现钙处理的改性程度与钢中 Ca/S 密切相关，如图 2-22 所示。

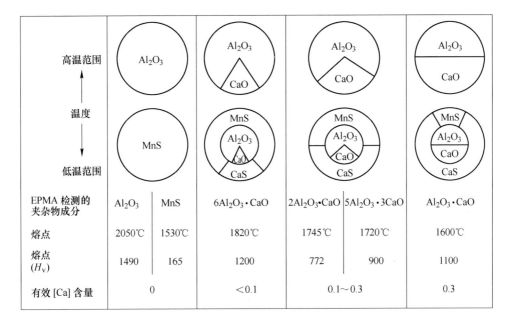

图 2-22　钙处理过程中 Ca/S 比对夹杂物变性效果的影响[151]

Faulring[152]通过对 Fe-Ca-Al-O 系的热力学计算得到了各种钙铝酸盐的生成条件；并提出用钢中的钙铝活度比（h_{Ca}/h_{Al}）来决定钙铝酸盐夹杂物种类。计算过程中产物都假设为纯的钙铝酸盐，但是其研究中没有充分考虑钢中硫含量的影响。Davies 等人[153]通过对钢中 Al-S 平衡计算预测了夹杂物的成分，并开始提出"液态窗口"的控制目标。Pielet[154]通过类似的计算得出不同钙铝酸盐所需的钢中铝和钙含量，并开始考虑硫含量对改性的影响，发现加入过量的钙导致钢中生成大量固态 CaS 夹杂物，同样会造成水口结瘤。在考虑硫对夹杂物影响后，得出新的钙铝酸盐生成相图。Korousic[155,156]将不同钙铝酸盐中 CaO 和 Al$_2$O$_3$ 的组分活度引入钙处理的计算中，展现了钙处理的按照一定顺序的逐级改性，并对钙铝酸盐种类进行预测。Janke[157]得出的保证连铸顺利进行的钙铝酸盐"液态窗口"如图 2-23 所示，该"液态窗口"控制下，目标生成的夹杂物为液态的钙铝酸盐产物，且无 CaS 夹杂物生成。

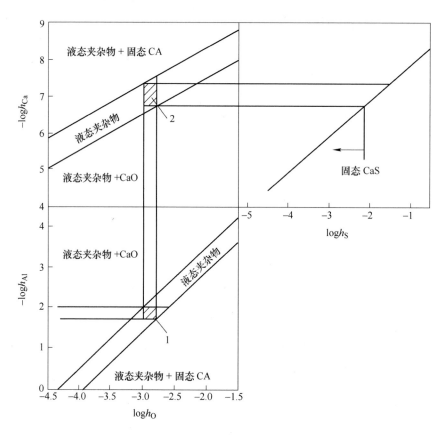

图 2-23　1600℃下"液态窗口"控制模型[157]

实际生产中，铝镇静钢里夹杂物并不是纯氧化铝，更多的是以镁铝尖晶石的形式存在。Ito[158]、Yang[159] 通过热力学计算和实验数据画出了 Fe-Ca-Al-Mg-O 夹杂物稳定相图。Pistorius[160] 从分析 MgO-Al₂O₃-CaO 三元相图的角度出发，说明夹杂物中一定的 MgO 含量可以扩大完全或者部分液相区，在较低的 T.Ca/T.O 值下，使夹杂物获得较好的改性效果。Bielefeldt[161] 利用热力学软件 FactSage 对高硫钙处理铝镇静钢在有无考虑 [Mg] 的两种情况下对镁铝尖晶石的改性进行了计算，图 2-24 所示是在考虑镁的情况下，SAE8620 钢夹杂物成分随喂钙量增加的变化。

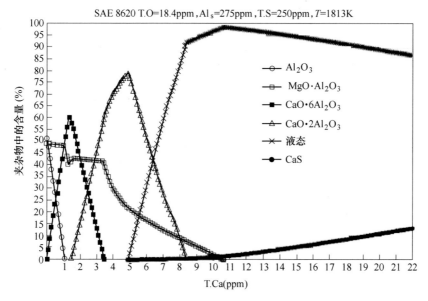

图 2-24 SAE8620 钢夹杂物成分随喂钙量的增加而变化（Al_s = 275ppm，[Mg] = 2ppm）

杨文等[162] 研究了低碳铝镇静钢在精炼和钙处理时的夹杂物特征，图 2-25 所示为当钢中溶解钙分别为 2ppm 时钢中 MgO、MgO · Al₂O₃、12CaO · 7Al₂O₃、CaO · 2Al₂O₃ 稳定相图。将钢液中的镁铝尖晶石完全改性为液态钙铝酸盐只需要钢中存在 2ppm 的溶解钙。

张立峰等人在研究钙处理变性镁铝尖晶石时，提出了可能的三种改性路径，（图 2-26）[159]：路径一是钢中溶解钙置换出部分镁，最终夹杂物形成均一的 MgO-CaO-Al₂O₃ 相；路径二钢中溶解钙完全将夹杂物中镁置换出来，最终形成均一的钙铝酸盐相；路径三是夹杂物外部的 MgO 先被钢中钙还原，然后在不规则镁铝尖晶石外部包裹一层低熔点的钙铝酸盐。

针对钙处理夹杂物变性效果的标准，冶金界有不同的观点和方法。Faulring[163] 认为 T.O/Al_s>0.14 时可以减少堵塞，钢液流动性较好，T.Ca/T.O ≥ 0.6 时生成液态钙铝酸盐，T.Ca/T.O ≥ 0.77 时生成 $C_{12}A_7$。Kusano 针对 S45C 钢

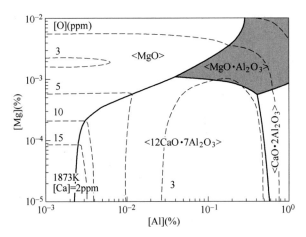

图 2-25　低碳铝镇静钢生产时 Mg-Al-Ca-O 稳定相图[162]

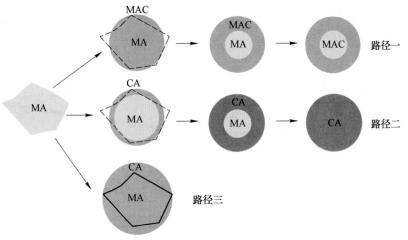

MA：MgO·Al₂O₃　　CA：CaO-Al₂O₃　　MAC：MgO-CaO-Al₂O

图 2-26　钙处理改性镁铝尖晶石夹杂物机理[159]

采用的钙处理标准是 T. Ca/T. Al 的值，T. Ca/T. Al≥0. 050 时无水口结瘤，T. Ca/T. Al≥0. 050 时夹杂物控制良好。Yuan[164]和 Bielefedt 等人[161]分别针对不同钢种提出了用钢中钙含量作为钙处理的不同标准。

2.3.3　硫化物的改性

钙处理对钢中 MnS 夹杂物进行改性的原理是：钙与硫的结合能力强于锰，在钢水凝固过程中提前形成的高熔点 CaS 质点，可以抑制钢水在此过程中生成 MnS 的总量和聚集程度，并在残余硫化锰夹杂物基体中复合细小的（一般在

10μm 左右）、不易变形的 CaS 或铝酸钙颗粒，使钢材在加工变形过程中原本容易形成长宽比很大的条带状 MnS 夹杂物变成长宽比较小且相对弥散分布的夹杂物，从而提高管线钢的性能[165-167]。

杨文等人[162]在研究低碳铝镇静钙处理钢精炼过程中的夹杂物转变时，发现存在三种形式的 CaS：一种是占据了夹杂物的一部分，甚至是一半，可能的原因是钙添加后，局部钙的浓度比较高，生成大尺寸的 CaS，CaS 与尖晶石或钙铝酸盐的碰撞形成，也有可能是 CaS 在氧化物表面异质形核；一种是包裹在氧化物外部，可能的原因是钙铝酸盐表面的 CaO 的活度增加到一个临界值，或者温降使 CaS 在氧化物表面析出；另一种是 CaS 与氧化物均匀分布，没有明显的界限，可能的原因是温降过程中，硫在钙铝酸盐中的溶解度降低，CaS 析出。图 2-27 所示是对三种不同分布形式 CaS 形成的示意图。

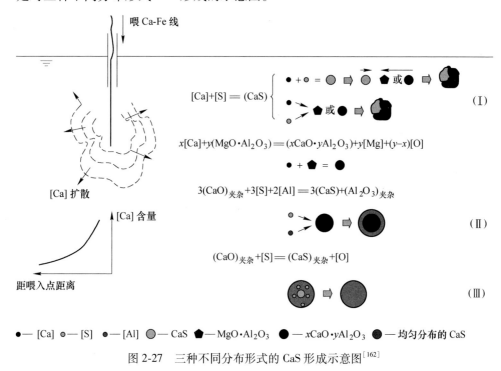

图 2-27　三种不同分布形式的 CaS 形成示意图[162]

钙处理对硫化物改性过程中，T. Ca/T. S 间接反映了硫化物的改性程度。管线钢抗 HIC 敏感性随钙硫比的变化如图 2-28[67]所示，当钢中 T. Ca/T. S 处于 MnS 生成线左边时，钢中主要生成 MnS 夹杂物，当 T. Ca/T. S 大于 CaS 曲线所覆盖的右边区域时，钢中主要生成 CaS 夹杂物。对钢中硫含量为 20~50ppm 的低硫钢，随着 T. Ca/T. S 的增加，钢的 HIC 敏感性 MnS 生成区曲线逐渐下降。但是，当 T. Ca/T. S 达到 CaS 生产曲线后，由于有大量 CaS 夹杂物形成，HIC 会显著增加。

因此，对于低硫钢来说，T. Ca/T. S 应控制在一个极其狭窄的范围内，否则，钢的抗 HIC 能力明显减弱；而对于硫低于 20ppm 的超低硫钢，即便形成了 CaS 夹杂物，由于含量相对较少，因此 T. Ca/T. S 可以控制在一个更宽的范围内。

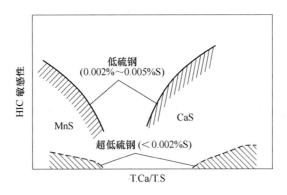

图 2-28　HIC 敏感性与 T. Ca/T. S 的关系[67]

Perez[168] 的研究表明：控制钢中硫含量小于 20ppm，T. Ca/T. S = 2~5 有助于对 MnS 进行控制。为了生产高抗拉强度的抗氢脆钢，必须合理地控制钢中的硫含量与钙含量。图 2-29[169] 表明：T. Ca/T. S 保持大于 2.0，且硫含量小于 0.001% 时就能防止 HIC 的发生；而当硫含量为 0.004%，T. Ca/T. S>2.5 也能发生 HIC。当 T. Ca/T. S<2.0 时，由于 MnS 没有完全转变成 CaS，而是部分地被拉长，引起 HIC。当 T. Ca/T. S 较高且硫含量也较高时，会有 Ca-O-S 原子团的群集，从而导致钢发生 HIC。

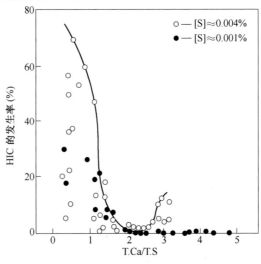

图 2-29　发生 HIC 率与 T. Ca/T. S 的关系[169]

对于硫化物的改性，Haida 提出了 ACR 标准，当 ACR = 0.2 ~ 0.4 时，硫化物不完全变性；ACR>0.4 时，硫化物基本变性；ACR>1.8 时，硫化物完全变性。

$$ACRCa = \frac{[Ca] - (0.18 + 130[Ca]) \cdot [O]}{1.25 \cdot [S]} \qquad (2-1)$$

2.4　管线钢中非金属夹杂物的控制现状

王新华[137]、刘德祥[170]、马志刚[171]等人主张管线钢中夹杂物类型应控制为高熔点的轧制变形较差的 CaO-Al$_2$O$_3$（少）-CaS。低熔点钙铝酸盐是轧板中条串状夹杂物的主要来源，但李树森等人[172]对现场的取样进行电镜检测发现了大尺寸的 CaO 和 CaS 组成的条串状夹杂物。对其形成机理和原因进行了分析，认为是钙处理时喂入过量硅钙线造成的。图 2-30 所示是对此类夹杂物形成机理的演示，炼钢温度下形成的 CaO-CaS 复合夹杂物在轧制时不易变形，而降温过程中在原复合夹杂物表面析出的 CaS 易变形破碎。任英等人[173]对管线钢中夹杂物改性的机理进行了实验室实验和热力学计算，图 2-31 所示是管线钢钙处理过程中夹杂物改性机理的演示，喂钙后，先在原形状不规则的 Al$_2$O$_3$ 表面生成 CaS 层，随后 CaS 再和 Al$_2$O$_3$ 或者 [O] 反应，逐步形成球状改性完全的钙铝酸盐。

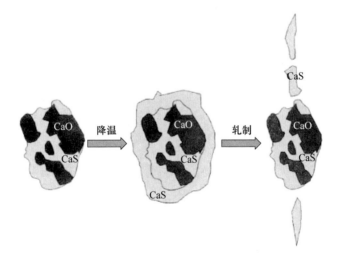

图 2-30　条链状 CaO 和 CaS 夹杂物形成机理（深色相为 CaO，浅色相为 CaS）[172]

赵东伟等人[174]认为应控制到 Al$_2$O$_3$-CaS 类夹杂物，认为此类夹杂物既能保证轧制时较差的变形，又能均衡膨胀系数，防止焊接热影响区钩状裂纹的出现。图 2-32 和图 2-33 所示分别是小尺寸和大尺寸夹杂物在轧制过程中变形机理的演示。小尺寸改性程度较低的钙铝酸盐和新月形 CaS 的复合夹杂物在轧制中不易变形；大尺寸夹杂物在轧制时，改性良好的钙铝酸盐被轧长，尖晶石和 CaS 这些高

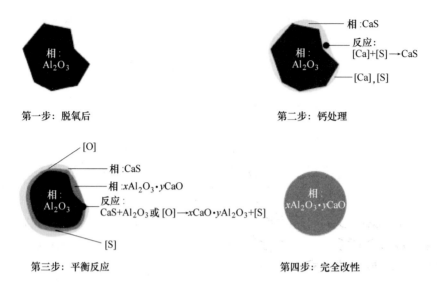

图 2-31　管线钢中夹杂物改性的机理[173]

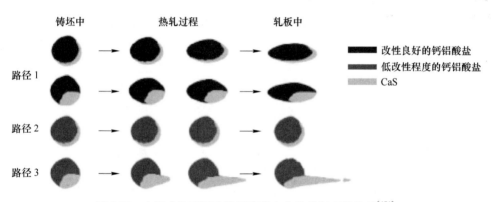

图 2-32　小尺寸的不同改性程度的夹杂物轧制变形机理[174]

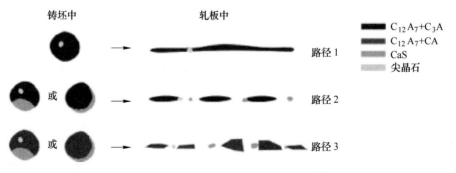

图 2-33　大尺寸夹杂物轧制变形机理[174]

熔点相可以分割夹杂物成为几段。徐建飞等人[175]对管线钢中此类夹杂物形成机理进行了实验室实验和热力学讨论，夹杂物中 CaO 含量随着钢中 T.S/T.O 值的升高而降低，CaS/Al_2O_3 的值随 $T.Ca/T.O$ 的值增大而增大。图 2-34 所示是 CaS-Al_2O_3 夹杂物形成机理示意图。

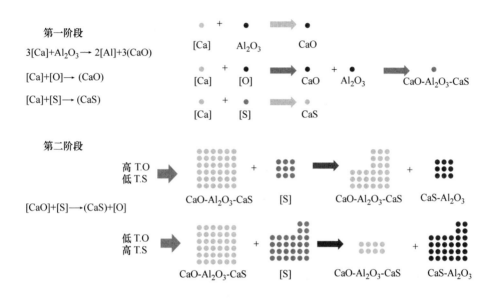

第一阶段

$3[Ca]+Al_2O_3 \longrightarrow 2[Al]+3(CaO)$

$[Ca]+[O] \longrightarrow (CaO)$

$[Ca]+[S] \longrightarrow (CaS)$

第二阶段

$[CaO]+[S] \longrightarrow (CaS)+[O]$

图 2-34 CaS-Al_2O_3 夹杂物形成机理[175]

也有研究者认为管线钢中夹杂物应控制在低熔点区[21,176,177]。图 2-35 所示为马钢精炼采用 LF-RH 工艺生产 X80 管线钢中夹杂物成分的变化过程，CaO 含量不断升高，RH 终点时，夹杂物平均成分进入低熔点区。

表 2-1 总结了国内企业对管线钢夹杂物的控制现状。分别给出了企业名称、钢种级别、精炼工艺以及主要研究发现。发现目前我国管线钢生产最常用的精炼工艺为 LF—RH—钙处理工艺，管线钢中 T.O 可以控制到 $10 \sim 15$ppm。在夹杂物成分方面主要有三种控制路线：第一种为将夹杂物控制为低熔点的钙铝酸盐，防止水口堵塞，但是此类夹杂物尺寸较大，轧制后会造成大尺寸的条串状 B 类夹杂物，影响管线钢的质量；第二种为通过喂入少量钙线，将夹杂物控制为 Al_2O_3-CaO（少量）的半液态夹杂物，此类夹杂物不会造成水口结瘤，同时夹杂物尺寸较小，不会形成 B 类夹杂物；第三种为通过喂入过量钙线将夹杂物控制到 CaO-CaS-Al_2O_3（少量）的半液态，同样可以避免大尺寸 B 类夹杂物的生成。

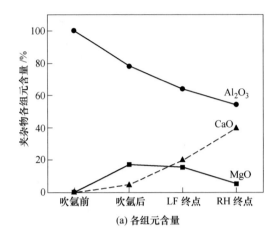

(a) 各组元含量

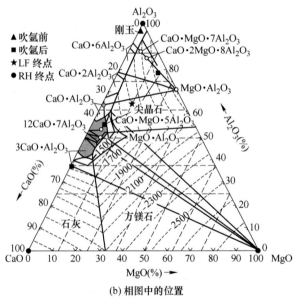

(b) 相图中的位置

图 2-35　管线钢中夹杂物成分的变化过程[21]

表 2-1　管线钢中非金属夹杂物的控制研究

年份	研究者	钢厂	钢级	工艺	主要工作及结论	文献
2008	李太全		X120	LF—RH	研究了微镁处理对夹杂物的影响	[178]
2009	苏晓峰	安阳	X70	LF—VD	从全流程各方面对影响管线钢中夹杂物的因素进行了分析	[179]
2009	王国承	新余		LF	无单独存在 MnS，氧化铝变为钙铝酸盐	[180]
2010	林路		X80	LF—RH 两步喂钙	铸坯中液态钙铝酸盐夹杂物	[19]

续表 2-1

年份	研究者	钢厂	钢级	工艺	主要工作及结论	文献
2010	安航航	莱钢	X80	LF—RH	夹杂物主要控制在低熔点钙铝酸盐，T.O = 8ppm	[176]
2011	李强	首钢	X80	LF—RH—喂钙	最终铸坯中夹杂物主要为 CaO-CaS 夹杂物，T.O = 7~10ppm	[20]
2011	蒋育翔	马钢	X80	LF—RH	顶渣 CaO/Al_2O_3 1.7~1.9，CaO/SiO_2 控制在 4.5~6，铸坯夹杂物控制在低熔点区，T.O = 13ppm	[21]
2013	初仁生	首钢	X70	LF—喂钙—RH、LF—RH—喂钙	对比了两种工艺的夹杂物，后者优，主要为小尺寸 CaO-Al_2O_3（少量）-CaS 系夹杂	[181]
2013	尹娜	首钢	X80	LF—RH—喂钙	夹杂物主要类型 CaO-CaS-Al_2O_3（少量），T.O<10ppm，S<10ppm	[182]
2014	杨光维	南钢	X70	LF—RH	对真空处理过程中夹杂物形貌、成分、数量、尺寸进行了系统研究	[183]
2014	马志刚	宝钢		LF—RH—喂钙	最终杂物成分更集中于 Ca 系夹杂，多为 CaO-CaS 类夹杂，T.O = 11ppm	[184]
2014	彭其春	涟源钢铁	X80	LF—喂钙—RH	最终夹杂物主要为低熔点钙铝酸盐，T.O = 15.6ppm	[177]
2014	王新华	首钢	X80	LF—RH—喂钙	强化钙处理前夹杂物的去除，夹杂物最终控制为 CaO-CaS 系	[137]
2014	李树森	首钢	X80	LF—RH—喂钙	加入过量的硅钙线，将夹杂物改性为 CaO-CaS 系夹杂物	[41]
2015	郑第科	本钢	X70	RH—LF、LF—RH	对比了两种生产工艺下，认为 LF—RH 工艺能更好控制夹杂物	[185]
2015	刘德祥	南钢		LF—RH—喂钙	钙处理后夹杂物转变为高熔点 CaO-CaS 系夹杂物	[186]
2015	赵东伟	首钢		LF—RH—喂钙	应控制在 Al_2O_3-CaS 类夹杂物	[174]
2017	杨文	首钢	X65	LF—RH—喂钙	加入少的硅钙线，将夹杂物改性为 Al_2O_3-CaS 系夹杂物	[187]

3 管线钢生产全流程钢中 非金属夹杂物的演变

本章分别以 BOF—LF—CC 工艺生产 X65 管线钢和 BOF—LF—RH—CC 工艺生产 X70 管线钢为工业实例，对单联精炼工艺和双联精炼工艺条件下管线钢的整个生产过程中的夹杂物特征演变进行分析，以利于加深读者对管线钢生产过程的非金属夹杂物的直观认识。

3.1 BOF—LF—CC 工艺生产管线钢夹杂物演变

单联工艺一般用于低级别管线钢的生产。这里以 300t BOF—LF—CC 工艺生产 X65 管线钢为例，来说明夹杂物的演变规律。精炼过程大致为：LF 进站先预吹氩 3min，造合成渣，大气量吹氩脱硫，调节钢液合金成分，喂钙线，软吹。分别在脱硫后、刚喂钙后、软吹结束时、中间包、铸坯取样。

3.1.1 取样过程

图 3-1 所示为精炼过程的生产和取样记录。整个精炼时间约为 66min，LF 进站先预吹氩一段时间，促进转炉出钢脱氧产物的去除，然后加铝进一步脱氧，加高碱度的还原性合成渣吹氩脱硫，脱硫后，化验钢液成分，再根据化验结果加入碳线和各种合金，调节钢液成分，最后喂入钙线，开始软吹，软吹大约 13min 出站。LF 精炼过程中有三次调铝，分别在 LF 13min、32min 和 51min 加铝粒或铝铁。LF 结束喂入的钙线 300m。

精炼过程分别在 LF 到站、LF 预吹氩 3min 后、LF 造渣后、LF 脱硫后（喂钙前）、LF 喂钙线后 3min、LF 喂钙线后 6min、LF 软吹 9min、LF 出站同时取桶样和渣样。连铸过程的中间包取样时间是在钢包浇注开始、1/4、1/2 和浇注结束时，取样位置固定在中间包第 2 流出口处。铸坯样取中间包第 2 流对应的第二块板坯尾部，轧板样取第二块铸坯对应最后一道轧板。

采用荧光分析法（XRF）对炉渣成分进行检测，采用力可氧氮分析仪和碳硫分析仪对钢中的 T.O、T.N 和 T.S 含量进行检测，采用 ICP-AES 对钢中的 Al_s、T.Mg、T.Ca 等合金元素成分进行检测。采用自动扫描电镜 Aspex 对钢中的非金属夹杂物的成分、尺寸、形貌和数量等进行检测。

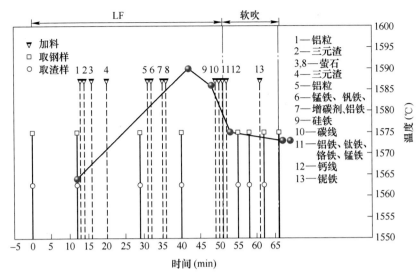

图 3-1   精炼过程生产与取样记录

3.1.2   渣、钢成分分析

表 3-1 为冶炼过程中不同时刻 LF 精炼渣主要成分。渣成分在整个冶炼过程中变化不大，CaO 的含量维持在 56%~58% 范围内，Al_2O_3 的含量在 19%~23% 范围内，SiO_2 的含量在 6%~8% 范围内，MgO 在 4% 左右。为了保证精炼渣有一定的流动性和合适的黏度，精炼过程中加入了萤石，渣中 CaF_2 的含量在 10% 左右。FeO 和 MnO 的含量是评估渣氧化性的重要指标，管线钢的精炼为了脱硫及保证钢液的洁净度，希望渣的氧化性越低越好。LF 精炼前 29min 渣中 FeO 和 MnO 的含量之和超过了 1%，随着新的合成渣料的加入，渣的氧化性迅速降低，在脱硫后及以后工序的检测中二者含量之和小于 1%。

表 3-1   不同精炼时间 LF 顶渣主要成分

时间 （min）	CaO （%）	Al_2O_3 （%）	SiO_2 （%）	MgO （%）	FeO （%）	MnO （%）	CaF_2 （%）
0.0	56.7	19.6	6.5	3.9	1.9	1.5	9.2
29.0	57.2	19.4	7.2	3.9	1.5	0.3	9.8
40.0	57.1	22.4	5.5	4.0	0.4	0.1	10.2
55.0	57.0	22.5	5.2	4.0	0.4	0.1	9.8
66.0	56.4	22.7	5.3	4.1	0.5	0.1	10.1

图 3-2 所示是精炼渣二元碱度（CaO/SiO_2）和 CaO/Al_2O_3 的值随冶炼过程的变化，碱度在 8~11，CaO/Al_2O_3 的值在 2~3 之间。高碱度、高还原性的渣有利

于脱硫的进行；同时此渣中 CaO 具有很高的活度，促进了渣钢界面钙的传质。为了保证如此高碱度、高钙铝比的炉渣具有好的流动性，进而不影响脱硫效果，需在渣中加入一定量的 CaF_2。

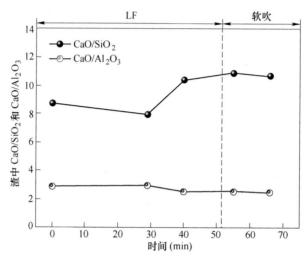

图 3-2　LF 顶渣 CaO/SiO_2 及 CaO/Al_2O_3 的变化

　　钢中夹杂物的形成演变是一个复杂的涉及渣、钢、耐火材料、夹杂物本身的物理化学过程。钢中非金属夹杂物直接与钢液接触，钢液成分的变化直接影响了夹杂物的变化。图 3-3 所示是 LF 精炼和中间包浇注阶段钢液中 Al_s、T. Ca、T. S 和 T. Mg 含量的变化情况。LF 喂钙前，随着铝粒和钢砂铝的加入，钢液中酸溶铝的含量逐渐升高，软吹阶段略有下降，钢包开浇 1/4 较精炼结束时有所下降，从 380ppm 降到了 360ppm，中间包浇注过程中基本无变化。分析原因可能是钢包开浇时发生了二次氧化。图中显示的钙含量是全钙含量，包括钢液中的溶解钙及非金属夹杂物中以化合物形式存在的钙。钢液中钙含量在喂钙前由于渣钢传质的作用而不断增加至 20ppm。喂钙后的精炼过程中，钢液中的全钙含量无明显变化。连铸过程中，中间包钢液中全钙含量先下降后升高，钢包浇注结束时，钢液中全钙含量约 40ppm。精炼过程中，随着造渣脱硫的进行，钢液中硫含量不断下降，LF 进站时，钢液中的硫含量约 58ppm，精炼结束时钢液中硫降到了 38ppm 左右，脱硫率是 34.5%。钢液中的镁在精炼和连铸过程中呈现一个波动上升的趋势，精炼开始时只有痕迹量，钢包浇注结束时约 13ppm。钢液中镁的可能来源有很多，包括渣钢传质、钢液对耐火材料的物理冲刷和化学侵蚀以及合金原料中的镁元素。

　　T. O 是评估钢洁净度的重要指标，一般高品质钢材对其全氧含量都设有上限。冶炼过程中全氧含量的变化反映了钢液的氧化情况，这对于洁净钢的生产工

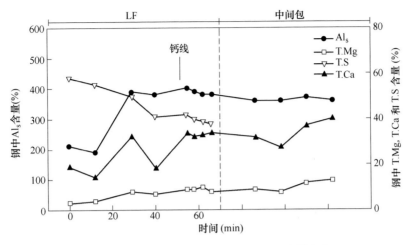

图 3-3 钢液中 Al$_s$、T. Ca、T. S、T. Mg 含量变化

艺的优化十分重要。T. O 升高的最可能的原因是吸气,其次是钢渣、耐火材料、原辅料对钢液的污染。钢液中的氮含量是吸气情况的重要指标。图 3-4、图 3-5 所示为从精炼到连铸全流程钢中 T. O 和氮的变化。

喂钙前的 LF 精炼过程及喂钙过程中氮含量迅速升高,从进站的 26ppm 升高到喂钙后 2min 的 37ppm,后面的软吹及浇注阶段基本稳定。钢包浇注末期钢液中氮含量及整个浇注过程氮含量基本不变,铸坯中氮含量为 39ppm。T. O 在精炼开始的预吹氩,由于夹杂物的上浮,从 16ppm 降到了 12ppm,随后的造渣加热,又升高到 17ppm,后随着夹杂物的上浮去除,喂钙前降到 11ppm。喂钙后 2min

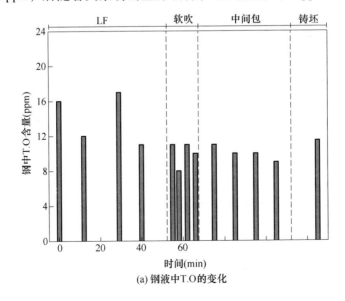

(a) 钢液中T.O的变化

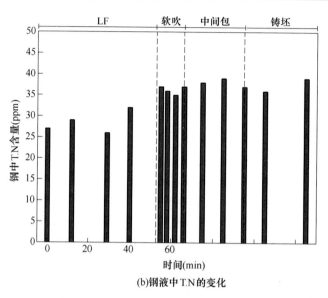

(b)钢液中T.N的变化

图3-4　钢液中全氧和氮含量变化

相较于喂钙前没有明显变化。钢包浇注过程中，T.O含量从11ppm降到了9ppm。铸坯中的氧氮棒取得位置是铸坯横断面宽度中心，内弧1/4处，铸坯检测的全氧是11.5ppm。

3.1.3　非金属夹杂物转变

图3-5、图3-6所示分别是精炼和浇注过程夹杂物成分分布的演变及全过程夹杂物平均成分的变化。LF进站为纯氧化铝夹杂物。由于渣钢反应、渣和耐火材料之间的反应、钢液和耐火材料之间的反应，LF 40min，脱硫后钢液中夹杂物MgO、CaO的含量升高，夹杂物平均成分中MgO、CaO的含量都大致在20%左右，平均成分点在靠近氧化铝一侧的75%与50%液相线之间。喂钙后夹杂物迅速完成改性，夹杂物平均成分中MgO、Al_2O_3的含量迅速降低，CaO、CaS的含量迅速升高，各组分含量分别为MgO 6.7%、Al_2O_3 19.7%、CaO 56.4%、CaS 17.2%，平均成分点落在靠近CaO一侧的75%与100%液相线之间。随着软吹的进行夹杂物的尺寸和数量上有变化，但成分变化不大。第2炉钢包浇注1/2时夹杂物成分点集中于靠近CaO一侧的75%与50%液相线之间；浇注结束时，夹杂物成分点在三元相图的分布又与浇注1/2时基本相同。

随着浇注的进行，二次氧化的减弱及中间包中钢液成分逐渐均匀导致的化学平衡的移动，使钢中夹杂物CaO的含量又逐渐升高，平均成分点及部分夹杂物都进入了100%液相区。钢包浇注3/4时，夹杂物的平均成分继续向CaO一侧移动，钢包浇注结束时钢液平均成分与精炼结束时基本一致，各组分平均含量分别为CaO 62%、Al_2O_3 20%、CaS 12%、MgO 6%。

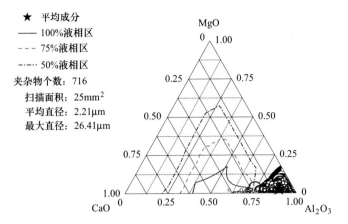

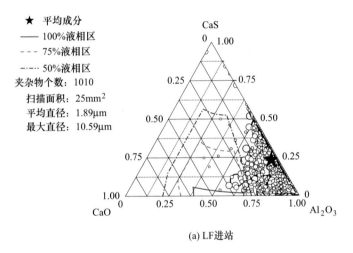

(a) LF进站

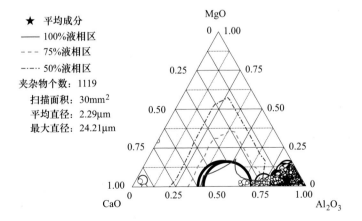

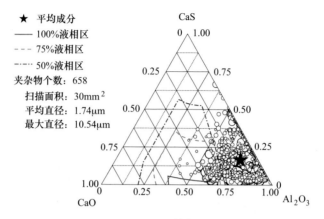

(b) 预吹氩3min后

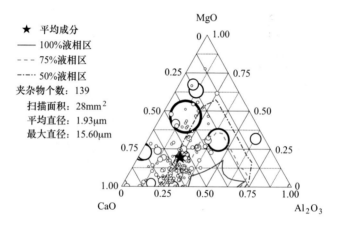

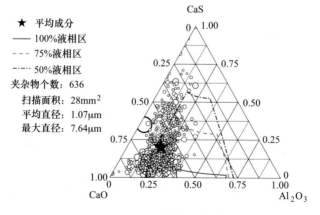

(c) 喂钙后，软吹3min

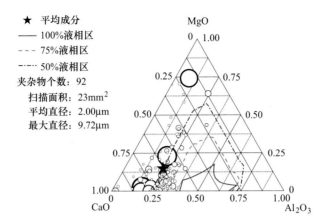

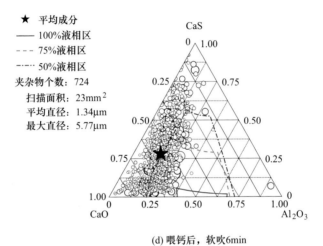

(d) 喂钙后，软吹6min

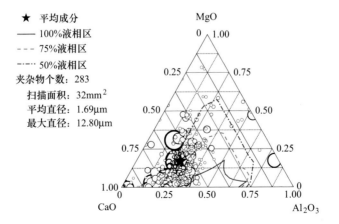

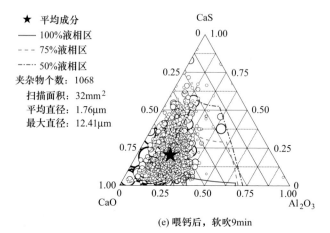

★ 平均成分
—— 100%液相区
--- 75%液相区
-·- 50%液相区
夹杂物个数：1068
　扫描面积：32mm²
　平均直径：1.76μm
　最大直径：12.41μm

(e) 喂钙后，软吹9min

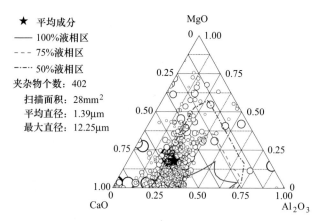

★ 平均成分
—— 100%液相区
--- 75%液相区
-·- 50%液相区
夹杂物个数：402
　扫描面积：28mm²
　平均直径：1.39μm
　最大直径：12.25μm

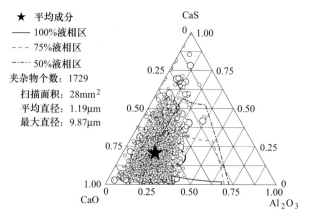

★ 平均成分
—— 100%液相区
--- 75%液相区
-·- 50%液相区
夹杂物个数：1729
　扫描面积：28mm²
　平均直径：1.19μm
　最大直径：9.87μm

(f) 喂钙后，软吹12min

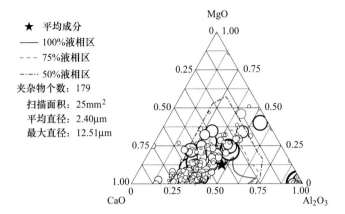

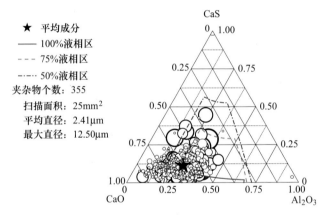

(g) 钢包浇注一半

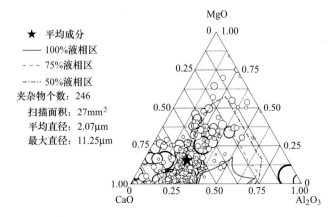

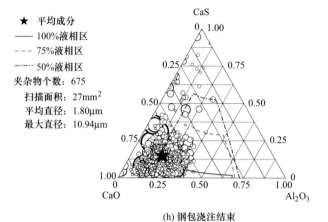

(h) 钢包浇注结束

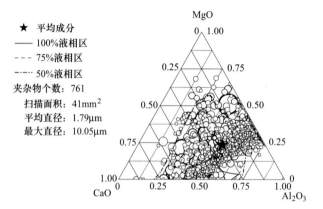

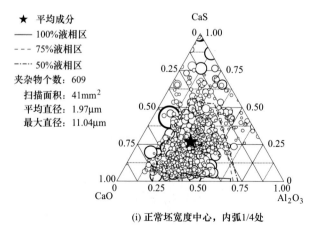

(i) 正常坯宽度中心，内弧1/4处

图 3-5　X65 管线钢精炼及浇注过程夹杂物成分分布

　　图 3-6 所示为精炼及浇注过程夹杂物平均组分的变化，可见与图 3-5 相同的结果。在钙处理前，随渣钢反应的进行，夹杂物中 Al_2O_3 含量逐渐降低，而 CaO 和 MgO 含量逐渐升高，夹杂物由 Al_2O_3 转变为 Al_2O_3-CaO-MgO 类型；钙处理后，夹杂物中的 CaO 含量显著增加到 55% 左右，Al_2O_3 含量明显降低至 20% 左右，同时 CaS 含量也增加到近 20%。由于浇注过程二次氧化较弱，相较于精炼出站，整个浇注过程中间包钢水中的夹杂物成分变化不大。

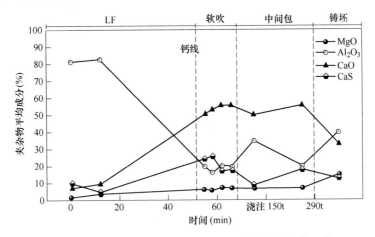

图 3-6　X65 管线钢精炼及浇注过程夹杂物平均成分变化

　　图 3-7、图 3-8 所示分别表征了冶炼过程中夹杂物数密度和面积分数的变化，图 3-9 所示为冶炼过程中平均尺寸的变化。喂钙前夹杂物的数密度和面积分

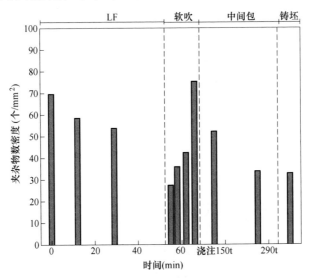

图 3-7　夹杂物数密度变化

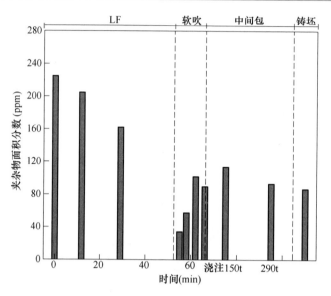

图 3-8　夹杂物面积分数变化

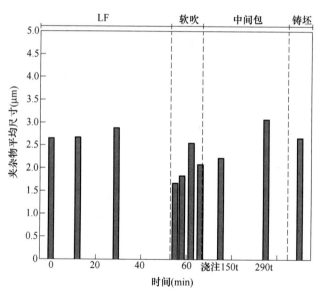

图 3-9　夹杂物平均尺寸变化

数都不断减小，平均尺寸先略微升高后有所下降，LF 40min 脱硫后喂钙前，夹杂物的数密度是 23 个/mm²，面积分数是 104ppm，平均尺寸是 2.8μm。LF 精炼 55min，即喂钙后 2min，夹杂物数密度略有上升，为 27 个/mm²，但都为小尺寸的夹杂物，面积分数迅速降为 34ppm，平均直径降为 1.67μm。软吹过程中的前 9min，夹杂物的数密度、面积分数、平均尺寸都在增加，在最后的 3min 数密度继续升高，但面积分数和平均尺寸有所下降，精炼结束时，数密度 75 个/mm²，面积分数 89.5ppm，平均尺寸 2.08μm。浇注过程中夹杂物的数密度和面积分数都在减小。钢包浇注结束时，数密度为 37 个/mm²，面积分数 93ppm，平均直径 3.07μm。图 3-10 所示是冶炼过程中直径大于 10μm 的夹杂物数密度的变化情况。喂钙前大尺寸夹杂物的去除率最高，喂钙后的软吹及中间包浇注过程中大尺寸夹杂物的去除效果不明显。

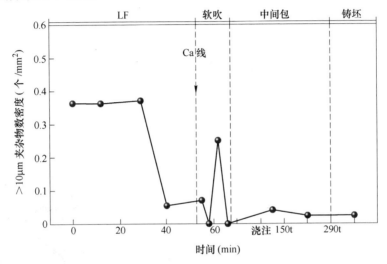

图 3-10　直径大于 10μm 夹杂物的数密度变化

　　图 3-11 和图 3-12 分别表示正常坯对应轧板边部和中心夹杂物成分在三元相图中的分布，扫描尺寸大于 3μm，扫描面积大于 100mm²。发现轧板边部相较于轧板其他部位，夹杂物中 CaO 的平均含量要较高，平均成分点大致都落在靠近 CaO 一侧的 50%液相线以内，100%液相线以外。

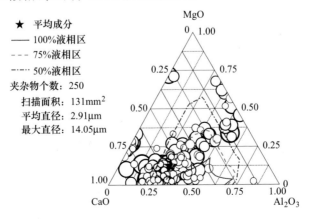

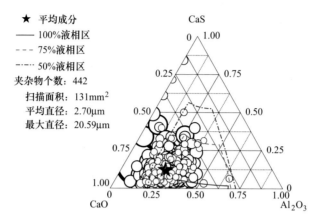

图 3-11   正常坯对应轧板边部夹杂物

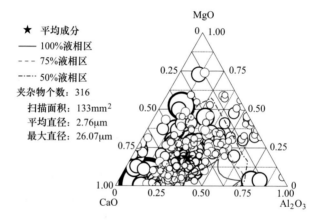

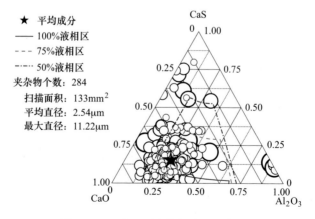

图 3-12   正常坯对应轧板中心夹杂物

图 3-13 所示为轧板中典型夹杂物的形貌，主要是沿轧制方向的条串状和近球状的 $CaO-Al_2O_3-MgO-CaO$ 复合夹杂物。按 ASTM 的标准条串状钙铝酸盐属于 B 类夹杂物，B 类夹杂物的控制是管线钢生产的重点和难点，"西气东输"二线工程所用管线钢要求 B 类夹杂物评级小于 2.0，在最差视场中夹杂物总长度小于 $343\mu m$。

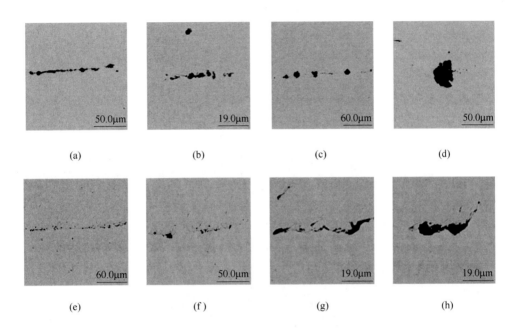

图 3-13　轧板夹杂物的典型形貌

图 3-14 和图 3-15 所示为图 3-13 中夹杂物（a）和夹杂物（d）的元素分布。图 3-13（a）中夹杂物 Al、Ca、O 三元素分布均匀，而 Mg、S 元素零星分布在条串状夹杂物的中间和边部，可见夹杂物主要由钙铝酸盐、镁铝尖晶石及 CaS 复合而成。夹杂物图 3-13（d）中多相复合情况更加明显，夹杂物照片中颜色较深的位置是镁铝尖晶石，颜色较浅的是钙铝酸盐。也有文献报道复合类的大尺寸夹杂物更易在轧制过程中变成条串状，为了更好地研究此类夹杂物，沿着夹杂物长度方向连续打能谱，图 3-16 所示为电镜结果，可见这些大尺寸的条串状夹杂物大概分为两类：一类是低熔点钙铝酸盐；另一类是低熔点钙铝酸盐和少量镁铝尖晶石、CaS，或者其他高熔点相的复合。

从以上结果可知，在此案例中，BOF—LF—CC 生产管线钢轧板中存在大量条串状 B 类夹杂物，B 类夹杂物的检测常常超标，严重的甚至引发探伤不合。通过大量的电镜结果分析，可知主要是大尺寸低熔点钙铝酸盐和低熔点钙铝酸盐与

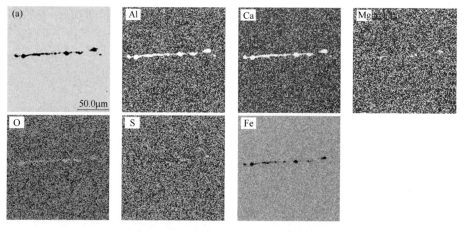

图 3-14　图 3-13（a）中夹杂物的元素分布

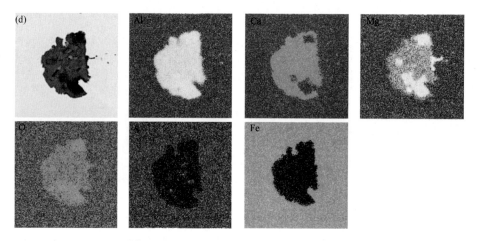

图 3-15　图 3-13（d）中夹杂物的元素分布

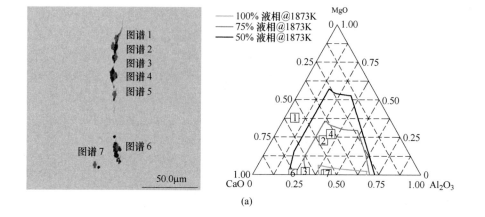

（a）

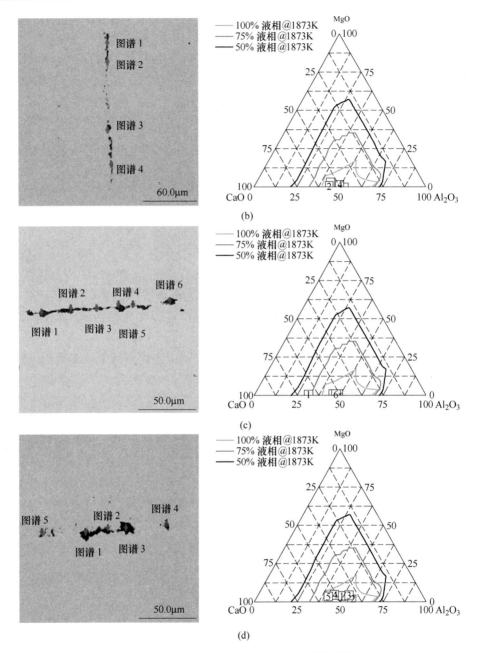

图 3-16　X65 管线钢条串状夹杂物的电镜能谱结果

少量镁铝尖晶石、CaS 或者其他高熔点相的复合夹杂物。除了 B 类夹杂物的控制，管线钢夹杂物的控制要兼顾焊接性、水口结瘤、经济性等因素。钙处理是管线钢中夹杂物成分控制采用的最重要的手段之一。BOF—LF—CC 生产的管线钢通常是较低级别的产品，高级别管线钢的精炼常采用 LF—RH 或者 RH—LF 工艺，限于设备和经济性，很多高品级管线夹杂物的钙处理目标及实施策略可以参考，但不能照搬。针对管线钢中 B 类夹杂物超标的问题，在后面章节中提出了其中一种解决思路。

3.2 BOF—LF—RH—CC 工艺生产管线钢夹杂物演变

双联工艺一般用于高级别管线钢的生产。这里以 210t BOF→LF→RH→钙处理→CC 工艺生产 X70 管线钢为例说明双联工艺条件下管线钢夹杂物的演变规律。在 RH 精炼后进行钙处理是为了充分利用 RH 去除夹杂物的功能，使钙处理前钢中夹杂物尽量去除并使尺寸减小，以利于减少钙线使用量，并提高钙处理效果。

LF 炉精炼进行深脱硫操作，结束目标 S≤0.0015%，RH 真空循环时间按照 25~30min 控制，喂钙线量 300m，中间包采取保护浇注。取样方案如下：LF 炉到站 3min、LF 处理后（结束）取钢水样和渣样；钢水运送至 RH 精炼工位后，提取钢、渣试样，RH 处理开始后，每 5min 提取钢水试样；喂 Ca 线后取钢样，此后的软吹过程每隔 5min 取一个钢水样；钢包浇注一半时取中间包钢水试样；正常浇注铸坯试样；铸坯对应的轧板试样。

对钢、渣试样成分进行检测，并通过自动扫描电镜对钢样中的夹杂物进行检测分析。同时在对试样进行研磨抛光后，分别采用直接观察、1∶1 盐酸水溶液酸浸、无水有机溶液电解侵蚀和无水有机溶液完全电解提取，结合场发射电镜的方法对不同阶段夹杂物的典型形貌和成分进行观察分析。

3.2.1 钢水和炉渣成分

冶炼过程中钢水试样和成品的成分见表 3-2。由表可知，C、Si、Mn、P、S 等常规元素的含量分别控制在 0.07%、0.2%、1.65%、0.0110%、0.0012%。为了更加直观地观察钢中 T. Ca 和 Al$_s$ 含量的变化，作图 3-17。由于渣钢间的反应，LF 精炼过程钢中 Al$_s$ 增加了约 100ppm，此后 RH 真空处理阶段，Al$_s$ 含量不断降低，在成品中其含量为 364ppm。钢中钙含量在 RH 处理阶段是降低的，喂线后钙含量增加 5ppm，成品中钙含量为 8ppm。

表 3-2 过程钢样和成品化学成分   （%）

工艺	C	Si	Mn	P	T. S	T. Al	Al$_s$	T. Ca
LF 到站	0.0508	0.1060	1.52	0.0087	0.0053	0.0406	0.0401	0.0002
LF 出站	0.0669	0.2020	1.6600	0.0099	0.0009	0.0543	0.0528	0.0008
RH 到站	0.0650	0.2020	1.6500	0.0099	0.0009	0.0478	0.0370	0.0008
喂线前	0.0682	0.2030	1.6500	0.0101	0.0011	0.0432	0.0430	0.0005
喂线后	0.0690	0.2040	1.6500	0.0103	0.0012	0.0416	0.0414	0.0010
成品	0.0700	0.2000	1.6500	0.0110	0.0012	0.0370	0.0364	0.0008

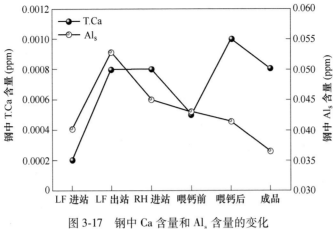

图 3-17 钢中 Ca 含量和 Al$_s$ 含量的变化

LF 精炼阶段渣中的 CaO/Al$_2$O$_3$ 控制在 1.6 左右，碱度控制在 9~11 之间，渣中的 Al$_2$O$_3$ 含量在 29%~33% 之间变化。RH 处理阶段渣的成分与 LF 相比，没有明显变化。

3.2.2 LF 和 RH 精炼过程钢中非金属夹杂物

对比夹杂物中 CaS 和 MgO 含量的大小关系，将夹杂物分别投影到 CaO-Al$_2$O$_3$-CaS 和 CaO-Al$_2$O$_3$-MgO 三元相图中。图 3-18 所示为 LF 进站时钢中夹杂物的成分分布。由于转炉出钢时使用铝脱氧，因此夹杂物主要类型是 Al$_2$O$_3$ 和 MgO-Al$_2$O$_3$，平均成分中 Al$_2$O$_3$ 的质量分数达到 88%，夹杂物二维形貌如图 3-19 所示，对应的夹杂物成分见表 3-3。由于此时钢中硫含量还较高，凝固过程在夹杂物表面还析出了一层 MnS，典型夹杂物的元素面分布如图 3-20 所示。

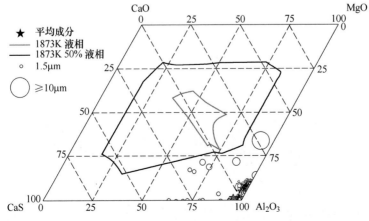

图 3-18 LF 进站（扫描面积 85.96mm^2，夹杂物个数 358）

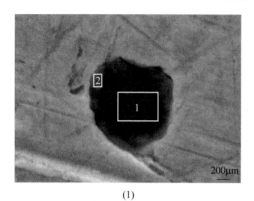
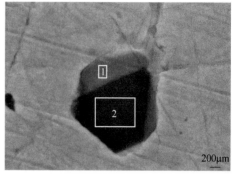

(1)   (2)

图 3-19   LF 进站时钢液中夹杂物典型二维形貌（$Al_2O_3/MgO\text{-}Al_2O_3+MnS$）

表 3-3   图 3-19 中夹杂物对应成分   （%）

编号	MgO	Al_2O_3	CaO	CaS	MnS
(1)-1	2.07	76.98	0.00	9.60	11.35
(1)-2	0.00	20.65	0.00	9.71	69.64
(2)-1	3.75	4.32	0.00	4.40	80.84
(2)-2	13.24	86.76	0.00	0.00	0.00

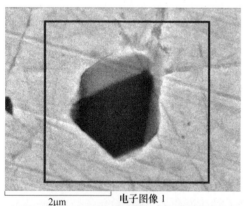

电子图像 1

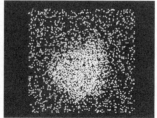

O Ka1   Mg Ka1_2   Al Ka1

S Ka1　　　　　　　　　　Mn Ka1　　　　　　　　　　Fe Ka1

图 3-20　LF 进站时典型夹杂物元素面分布

采用 1∶1 盐酸水溶液侵蚀 90s 后的夹杂物形貌如图 3-21 所示，对应的夹杂物成分见表 3-4。可见由于 MnS 溶解于酸，此时观察到的夹杂物中无 MnS，为纯的氧化物，成分为 MgO-Al_2O_3 体系，许多夹杂物形貌也为典型的尖晶石结构。

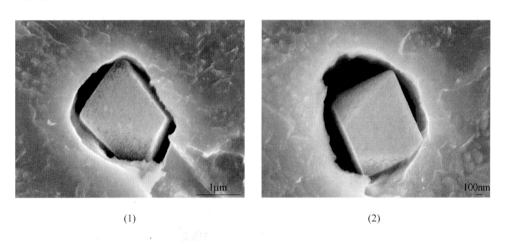

(1)　　　　　　　　　　　　　　　　　　　(2)

图 3-21　采用 1∶1 盐酸水溶液侵蚀 90s 后的 LF 进站时的 MgO-Al_2O_3 夹杂物形貌

表 3-4　图 3-21 中夹杂物对应成分　　　　　　　（%）

编号	MgO	Al_2O_3	CaO	CaS
（1）	18.27	81.73	0.00	0.00
（2）	8.15	91.85	0.00	0.00

采用无水有机溶液电解侵蚀 10min 后的夹杂物形貌如图 3-22 所示，对应的成分见表 3-5。由于是无损侵蚀，能够检测到外面包裹的硫化物，夹杂物形貌为近球形。

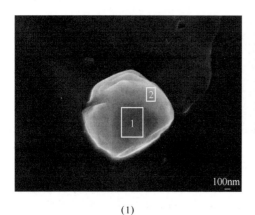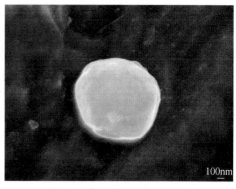

(1)　　　　　　　　　　　　　　　　(2)

图 3-22　采用无水有机溶液电解侵蚀 10min 后的 LF 进站时的夹杂物形貌

表 3-5　图 3-22 中夹杂物对应成分　　　　　　　　　　（%）

编号	MgO	Al$_2$O$_3$	SiO$_2$	CaO	MnO	CaS	MnS	Na$_2$O
(1)-1	10.02	78.06	0.00	0.00	0.00	3.44	8.48	0.00
(1)-2	6.58	58.87	0.00	0.00	0.00	5.85	28.70	0.00
(2)	0.00	64.58	0.00	0.00	0.00	6.47	28.95	0.00

　　图 3-23 所示为采用无水有机溶液电解完全提取出来的 LF 进站时的夹杂物形貌，其中左侧的为二次电子像，右侧的为背散射像。图中所标的不同位置处的成分见表 3-6。可以更清晰地观察到 MnS 在镁铝尖晶石表面析出的形貌。

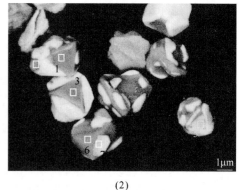

(1)　　　　　　　　　　　　　　　　(2)

图 3-23　采用无水有机溶液电解得到的 LF 进站时的夹杂物形貌

表 3-6 图 3-23 中夹杂物对应成分 （%）

编号	MgO	Al₂O₃	SiO₂	CaO	MnO	CaS	MnS
(2)-1	16.87	83.13	0.00	0.00	0.00	0.00	0.00
(2)-2	4.83	30.28	0.00	6.25	16.37	0.00	42.27
(2)-3	12.37	87.63	0.00	0.00	0.00	0.00	0.00
(2)-4	2.98	22.18	0.00	0.00	0.00	38.19	36.66
(2)-5	9.15	49.52	0.00	6.24	0.07	0.00	35.02
(2)-6	17.43	82.57	0.00	0.00	0.00	0.00	0.00
(2)-7	11.60	49.19	0.00	0.00	0.00	7.23	31.99

随着渣钢反应的进行，夹杂物逐渐向低熔点区移动。由图 3-24 所示的 RH 进站时夹杂物的成分分布可看出，夹杂物类型已由 Al_2O_3 逐渐转变为 CaO-Al_2O_3，且大部分夹杂物已处在 1873K 下 50%液相区内，这说明经过 LF 精炼过程大部分夹杂物已经得到改性。RH 进站时的夹杂物典型二维形貌如图 3-25 所示，表 3-7 为对应的成分，同时典型夹杂物的元素面分布如图 3-26 所示。可见氧化物外面包裹有部分 CaS，且氧化物有些也不均匀，为钙铝酸盐包裹镁铝尖晶石。

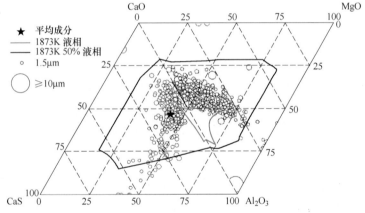

图 3-24 RH 进站（扫描面积 66.75mm²，夹杂物个数 872）

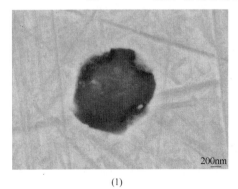
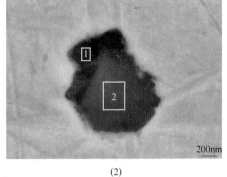

图 3-25 RH 进站时钢液中夹杂物典型形貌（MgO-Al_2O_3-CaO+CaS）

表 3-7   图 3-25 中夹杂物对应成分 （%）

编号	MgO	Al$_2$O$_3$	CaO	CaS
（1）	10.56	53.20	23.48	12.75
（2）-1	3.10	27.91	5.04	63.95
（2）-2	18.57	59.59	3.67	18.17

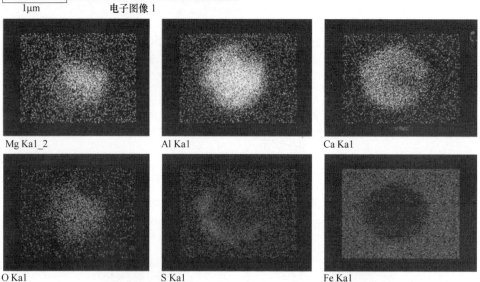

图 3-26   RH 进站时典型夹杂物元素面分布

采用 1∶1 盐酸水溶液侵蚀 90s 后以及采用无水有机溶液电解侵蚀 10min 后的夹杂物形貌分别如图 3-27 和图 3-28 所示，对应的夹杂物成分分别见表 3-8 和表 3-9。可见采用酸侵后夹杂物中的 CaS 都溶解了，而采用电解侵蚀后夹杂物中的 CaS 依然存在。

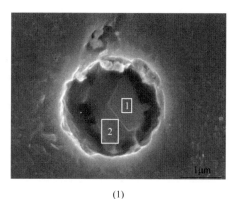
(1)

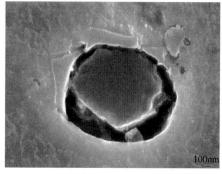
(2)

图 3-27   采用 1∶1 盐酸水溶液侵蚀 90s 后的 RH 进站时的夹杂物形貌

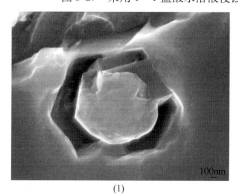
(1)

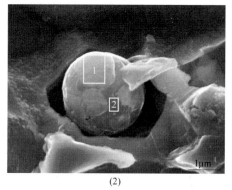
(2)

图 3-28   采用无水有机溶液电解侵蚀 10min 后的 RH 进站时的夹杂物形貌

表 3-8   图 3-27 中夹杂物对应成分 （％）

编号	MgO	Al$_2$O$_3$	CaO	CaS
（1）-1	17.01	67.29	15.70	0.00
（1）-2	3.28	73.58	23.13	0.00
（2）	42.59	57.41	0.00	0.00

表 3-9   图 3-28 中夹杂物对应成分 （％）

编号	MgO	Al$_2$O$_3$	CaO	CaS	TiN
（1）	44.52	41.37	0.00	14.11	
（2）-1	18.65	50.23	5.06	26.06	
（2）-2	24.51	58.27	5.97	11.25	

　　采用无水有机溶液电解完全提取得到的 RH 进站时的夹杂物形貌如图 3-29 所示，对应的夹杂物成分见表 3-10。可见绝大部分夹杂物都是氧化物外面包裹 CaS 的形貌，此外还检测到 TiN 夹杂，一些是单独析出，一些是在氧化物表面析出，如图 3-30 的夹杂物元素面扫描所示。

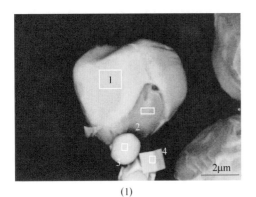 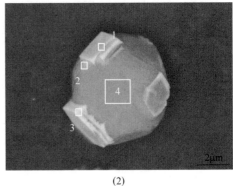

(1)　　　　　　　　　　　　　　　　(2)

图 3-29　采用无水有机溶液电解得到的 RH 进站时的夹杂物形貌

表 3-10　图 3-29 中夹杂物对应成分　　　　　　　　　　（%）

编号	MgO	Al₂O₃	CaS	CaO	TiN
（1）-1	0.00	0.00	100.00	0.00	0.00
（1）-2	4.51	50.96	0.00	44.54	0.00
（1）-3	1.70	3.43	94.87	0.00	0.00
（1）-4	4.80	1.44	0.00	1.80	91.97
（2）-1	43.17	0.00	5.07	0.38	51.38
（2）-2	59.62	0.00	37.50	0.00	2.87
（2）-3	11.64	0.00	0.00	0.00	88.36
（2）-4	100.00	0.00	0.00	0.00	0.00

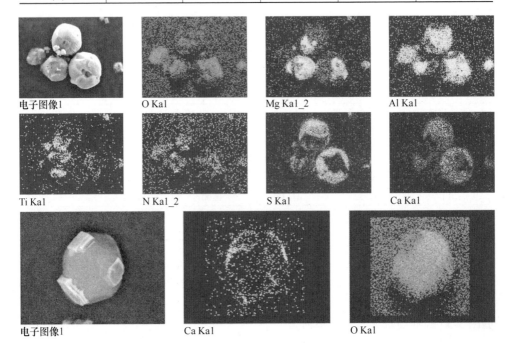

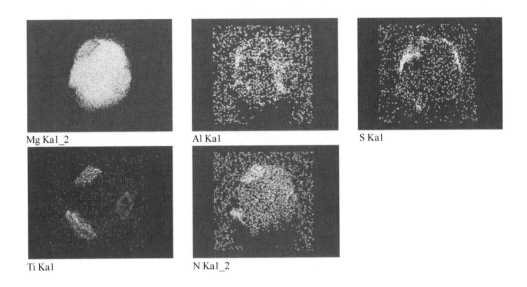

Mg Ka1_2   Al Ka1   S Ka1

Ti Ka1   N Ka1_2

图 3-30　部分夹杂物的元素面扫描

图 3-31 所示为 RH 真空处理过程及钙处理后软吹过程夹杂物成分的变化。从相图中可以看出，随着 RH 真空处理过程的进行，夹杂物逐渐向 1873K 低熔点区移动，夹杂物中 Al_2O_3 含量有小幅度的升高，MgO 含量从 7.5% 降低到 2.5%。RH 真空 25min 时，即喂线前，夹杂物平均成分基本位于低熔点区内。喂入 300m 钙线后，夹杂物平均成分向 CaO-CaS 方向偏离低熔点区，但变化程度并不大，夹杂物中 CaO 和 CaS 含量增加，MgO 和 Al_2O_3 含量降低，CaO-Al_2O_3-MgO 系夹杂物数量减少。

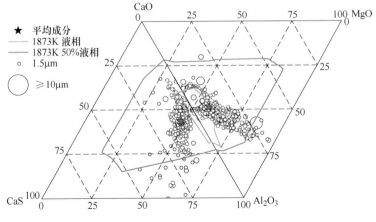

(a)真空5min(扫描面积61.19 mm², 夹杂物个数828)

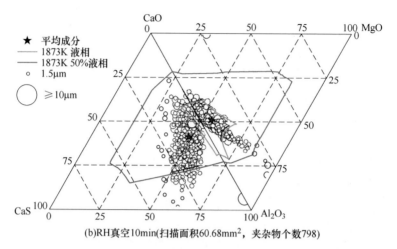

(b)RH真空10min(扫描面积60.68mm², 夹杂物个数798)

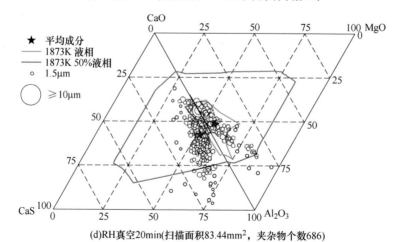

(c)RH真空15min(扫描面积85.46mm², 夹杂物个数564)

(d)RH真空20min(扫描面积83.44mm², 夹杂物个数686)

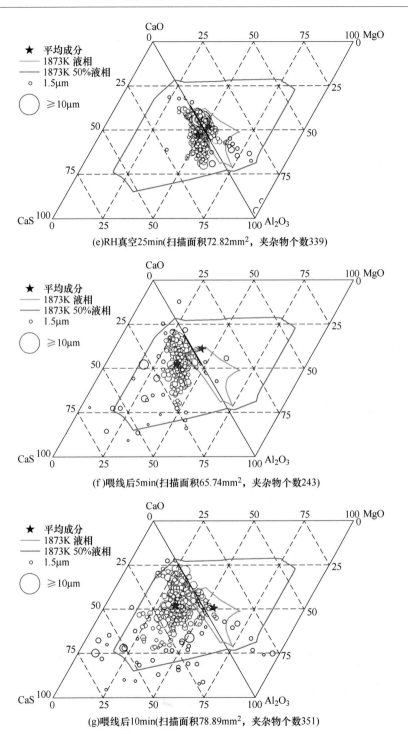

(e)RH真空25min(扫描面积72.82mm², 夹杂物个数339)

(f)喂线后5min(扫描面积65.74mm², 夹杂物个数243)

(g)喂线后10min(扫描面积78.89mm², 夹杂物个数351)

图 3-31　RH 处理过程及钙处理后软吹过程夹杂物成分变化

图 3-32～图 3-37 所示为 RH 钙处理前试样中二维直接观察、1：1 盐酸水溶液侵蚀 90s 后、无水有机溶液电解侵蚀 10min 以及无水有机溶液电解完全提取后观

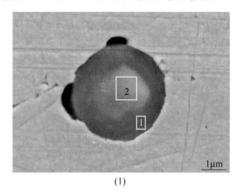 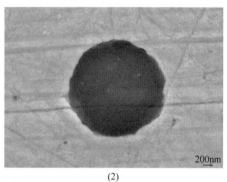

(1)　　　　　　　　　　　　　　　　(2)

图 3-32　RH 钙处理前夹杂物典型形貌

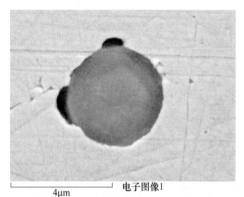

电子图像1

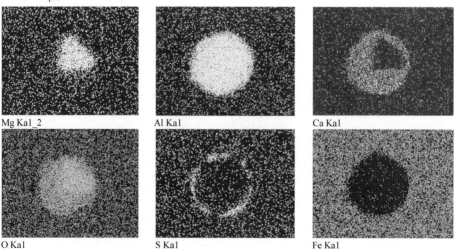

图 3-33　RH 钙处理前典型夹杂物元素面分布

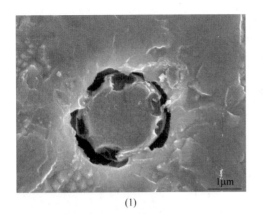
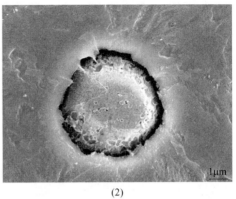

(1)   (2)

图 3-34　采用 1∶1 盐酸水溶液侵蚀 90s 后的 RH 钙处理前时的夹杂物形貌

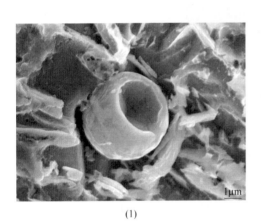
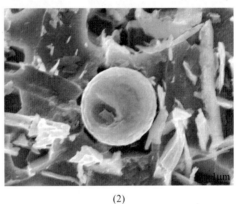

(1)   (2)

图 3-35　采用无水有机溶液电解侵蚀 10min 后的 RH 钙处理前的夹杂物形貌

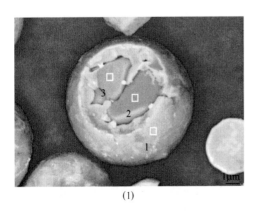
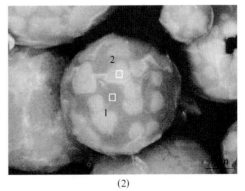

(1)   (2)

图 3-36　采用无水有机溶液电解得到的 RH 钙处理前的夹杂物三维形貌

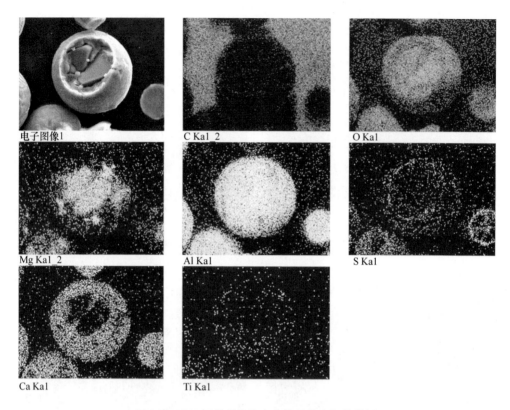

图 3-37　RH 钙处理前的夹杂物元素面扫描结果

察到的夹杂物典型形貌及元素面分布，表 3-11~表 3-14 分别为上述各图对应的夹杂物成分。可见夹杂物基本都是球形，且尺寸整体上都相对较大。结合元素面分布看，钙处理前，钢中主要是 CaO-Al$_2$O$_3$-MgO 系夹杂物，部分夹杂物外面包裹一层很薄的 CaS。

表 3-11　图 3-32 中夹杂物对应成分　　　　　　　（%）

编号	MgO	Al$_2$O$_3$	CaO	CaS
(1)-1	0.00	59.10	30.70	10.20
(1)-2	26.45	73.55	0.00	0.00
(2)	0.00	63.72	36.28	0.00

表 3-12　图 3-34 中夹杂物对应成分　　　　　　　（%）

编号	MgO	Al$_2$O$_3$	CaO	SiO$_2$	MnO
(1)	4.32	68.66	25.28	1.74	0.00
(2)	4.28	61.58	34.14	0.00	0.00

表 3-13 图 3-35 中夹杂物对应成分 (%)

序号	MgO	Al$_2$O$_3$	CaO	CaS	MnS	TiN	SiO$_2$	MnO
(1)	2.11	62.52	24.56	8.84	0.00	0.00	0.00	1.97
(2)	3.37	66.86	26.32	3.45	0.00	0.00	0.00	0.00

表 3-14 图 3-36 中夹杂物对应成分 (%)

编号	MgO	Al$_2$O$_3$	CaS	CaO	TiN	SiO$_2$
(1)-1	5.91	56.65	3.62	33.82	0.00	0.00
(1)-2	28.03	71.97	0.00	0.00	0.00	0.00
(1)-3	28.47	71.53	0.00	0.00	0.00	0.00
(2)-1	21.30	75.14	3.29	0.27	0.00	0.00
(2)-2	1.63	38.97	45.99	13.41	0.00	0.00

图 3-38~图 3-43 所示为 RH 钙处理后试样中二维直接观察、1:1 盐酸水溶液侵蚀 90s 后、无水有机溶液电解侵蚀 10min 以及无水有机溶液电解完全提取后观察到的夹杂物典型形貌及元素面分布，表 3-15~表 3-18 分别为上述各图对应的夹杂物成分。可见，相比于钙处理前，钙处理软吹结束后钢中夹杂物形貌上看变化不大，基本也都为球形。从夹杂物成分看，氧化物组分同样主要是 CaO-Al$_2$O$_3$-MgO，但是钙处理后，夹杂物中的 CaS 含量明显增加。从图中还可知，采用盐酸水溶液侵蚀后，很难检测到 CaS，说明这种方法会溶解夹杂物中的 CaS，导致检测的不准确。

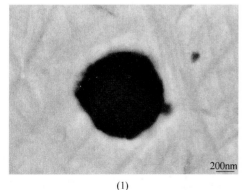
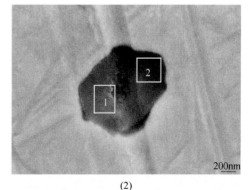

(1)　　　　　　　　　　　　　　(2)

图 3-38 RH 软吹后出站时夹杂物典型形貌

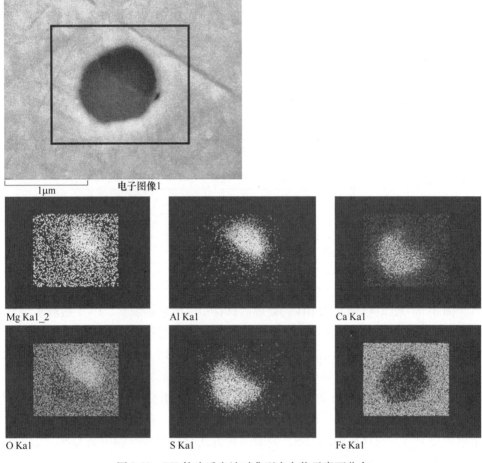

图 3-39 RH 软吹后出站时典型夹杂物元素面分布

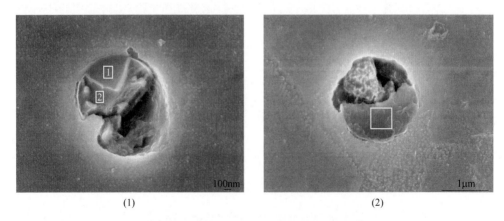

图 3-40 采用 1∶1 盐酸水溶液侵蚀 90s 后的 RH 钙处理软吹后的夹杂物形貌

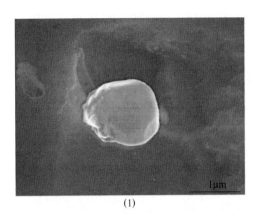 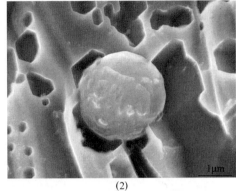

(1) (2)

图 3-41 采用无水有机溶液电解侵蚀 10min 后的 RH 钙处理软吹后的夹杂物形貌

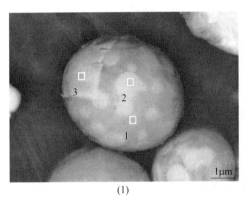 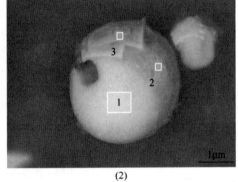

(1) (2)

图 3-42 采用无水有机溶液电解得到的 RH 钙处理软吹后的夹杂物三维形貌

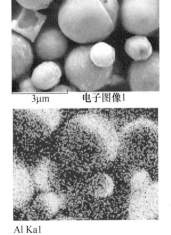 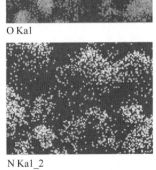 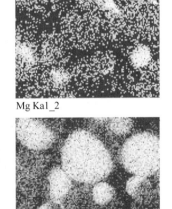

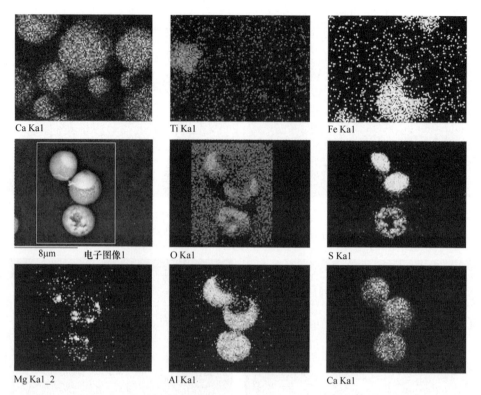

图 3-43　RH 钙处理软吹后部分夹杂物元素面扫描结果

表 3-15　图 3-38 中夹杂物对应成分　　　　　　　　　（%）

编号	MgO	Al_2O_3	CaO	CaS
(1)	3.49	45.58	23.17	27.77
(2)-1	2.36	7.48	0.00	90.16
(2)-2	8.06	81.26	0.00	10.68

表 3-16　图 3-40 中夹杂物对应成分　　　　　　　　　（%）

序号	MgO	Al_2O_3	CaO	TiN	SiO_2	MnO
(1)-1	19.00	64.45	9.89	0.00	0.00	6.66
(1)-2	0.00	75.04	24.96	0.00	0.00	0.00
(2)	9.40	68.87	12.38	0.94	2.65	5.77

表 3-17　图 3-41 中夹杂物对应成分　　　　　　　　　（%）

序号	MgO	Al_2O_3	CaO	CaS	MnS	TiN	SiO_2	MnO
(1)	0.00	8.11	0.00	79.83	12.06	0.00	0.00	0.00
(2)	0.00	52.06	29.10	17.47	0.00	0.00	1.38	0.00

表 3-18　图 3-42 中夹杂物对应成分　　　　（%）

编号	MgO	Al_2O_3	CaS	CaO	TiN	SiO_2
（1）-1	2.09	41.10	3.41	51.38	0.00	2.03
（1）-2	0.00	17.72	72.55	9.74	0.00	0.00
（1）-3	1.39	25.35	55.53	17.73	0.00	0.00
（2）-1	0.00	1.53	98.47	0.00	0.00	0.00
（2）-2	2.69	51.63	0.00	41.13	0.00	4.55
（2）-3	2.09	47.90	0.00	39.87	7.79	2.35

图 3-44 所示为从 LF 进站到喂线后夹杂物平均成分的变化路径，从图中可以看出钢液经过 LF 精炼和 RH 真空处理后夹杂物的演变过程。

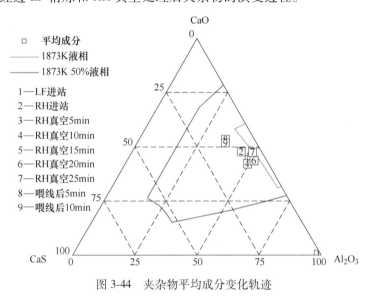

图 3-44　夹杂物平均成分变化轨迹

3.2.3　连铸过程钢中非金属夹杂物

从中间包到铸坯，夹杂物的成分发生了明显的变化，如图 3-45 和图 3-46 所示。夹杂物中 CaS、MgO、Al_2O_3 含量升高，CaO 含量降低，成分偏离了低熔点区，从 $CaO-Al_2O_3$ 转变为复合的 $CaS-Al_2O_3-MgO-Al_2O_3$ 系。后文将对凝固和冷却过程夹杂物的转变进行深入阐述。

图 3-47~图 3-51 所示为中间包钢液试样中二维直接观察、1∶1 盐酸水溶液侵蚀 90s 后、无水有机溶液电解侵蚀 10min 以及无水有机溶液电解完全提取后观察到的夹杂物典型形貌及元素面分布，表 3-19~表 3-22 分别为上述各图对应的夹杂物成分。可见中间包中的夹杂物成分和形貌都跟 RH 钙处理软吹后比较相似，夹杂物主要是成分均匀分布的钙铝酸盐，外面包裹 CaS，夹杂物中的 CaS 主要有两种形貌：一种是连续包裹，另一种是点状析出。

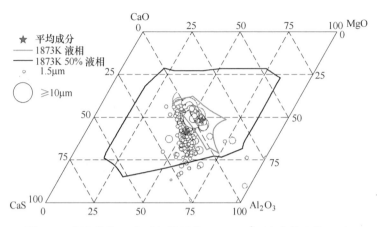

图 3-45　钢包浇注一半（扫描面积 45.11mm^2，夹杂物个数 269）

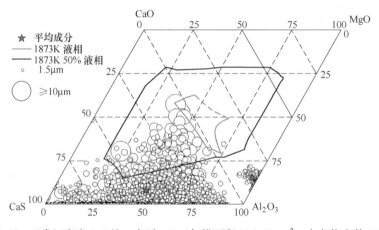

图 3-46　正常坯宽度 1/4 处，内弧 1/4（扫描面积 234.63mm^2，夹杂物个数 1988）

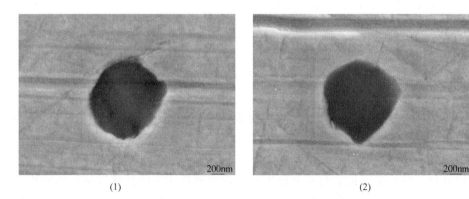

(1)　　　　　　　　　　　　　(2)

图 3-47　中间包钢液中夹杂物典型形貌

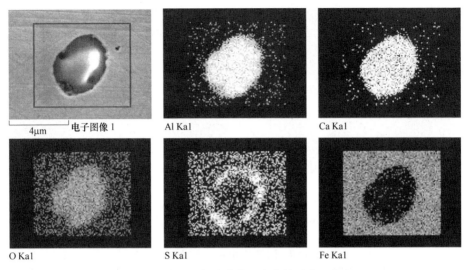

图 3-48 中间包钢液中典型夹杂物元素面分布

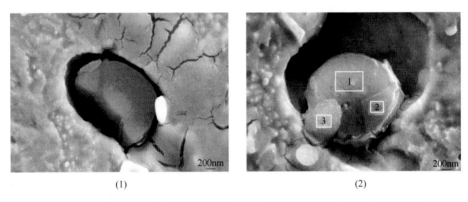

(1)   (2)

图 3-49 采用 1∶1 盐酸水溶液侵蚀 90s 后的中间包钢液中的夹杂物形貌

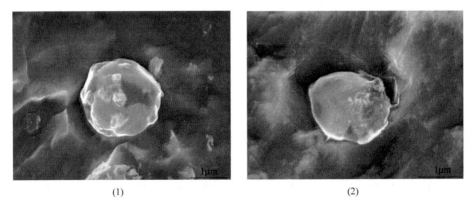

(1)   (2)

图 3-50 采用无水有机溶液电解侵蚀 10min 后的中间包中的夹杂物形貌

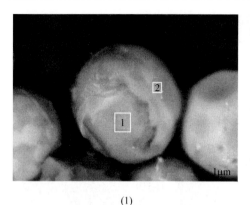
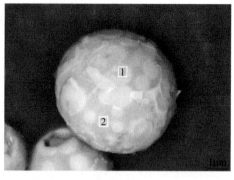

(1)   (2)

图 3-51　采用无水有机溶液电解得到的中间包中的夹杂物三维形貌

表 3-19　图 3-47 中夹杂物对应成分　　　　　　　　　　　（%）

编号	MgO	Al₂O₃	CaO	CaS
（1）	0.00	52.49	26.52	20.98
（2）	16.59	72.21	11.20	0.00

表 3-20　图 3-49 中夹杂物对应成分　　　　　　　　　　　（%）

编号	MgO	Al₂O₃	CaO	TiN	SiO₂
（1）	2.18	53.02	40.65	0.00	4.15
（2）-1	0.00	66.78	33.22	0.00	0.00
（2）-2	21.82	76.02	2.16	0.00	0.00
（2）-3	0.00	67.55	32.45	0.00	0.00

表 3-21　图 3-50 中夹杂物对应成分　　　　　　　　　　　（%）

编号	MgO	Al₂O₃	CaO	CaS	MnS	SiO₂	MnO
（1）	10.47	56.81	0.00	25.61	1.80	2.63	2.68
（2）	7.48	38.91	0.00	46.24	7.36	0.00	0.00

表 3-22　图 3-51 中夹杂物对应成分　　　　　　　　　　　（%）

编号	MgO	Al₂O₃	CaS	CaO	TiN	SiO₂
（1）-1	0.00	51.90	0.00	45.88	0.00	2.22
（1）-2	0.00	18.55	72.39	9.06	0.00	0.00
（2）-1	1.23	29.31	50.54	17.54	0.00	1.38
（2）-2	1.90	45.88	2.96	42.77	4.75	1.74

　　图 3-52~图 3-61 所示分别为铸坯内弧 1/4 厚度处试样中二维直接观察、1∶1 盐酸水溶液侵蚀 90s 后、无水有机溶液电解侵蚀 10min 以及无水有机溶液电解完全提取后观察到的夹杂物典型形貌及元素面分布，表 3-23~表 3-29 分别为上述各图对应的夹杂物成分。可见铸坯中夹杂物类型更为复杂，主要为 MgO-Al₂O₃ 和 CaS 相，

二者之间存在较为明显的界线。另外还存在着（Mn，Cu)S 复合硫化物，大部分在 CaS 表面析出，此外还存在 TiN，部分为独立析出，部分在氧化物表面析出。

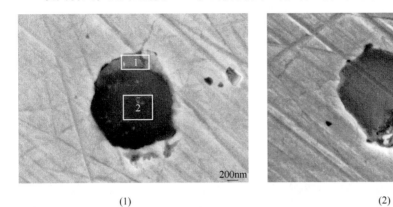

(1)   (2)

图 3-52   正常坯内弧 1/4 厚度处夹杂物典型形貌

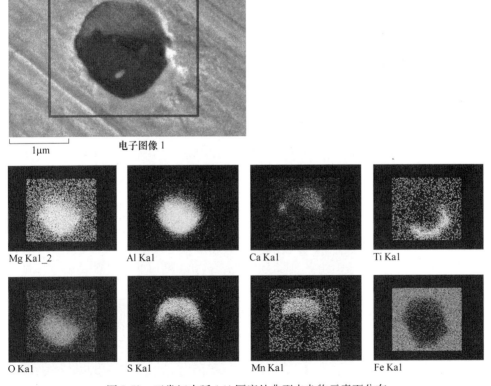

图 3-53   正常坯内弧 1/4 厚度处典型夹杂物元素面分布

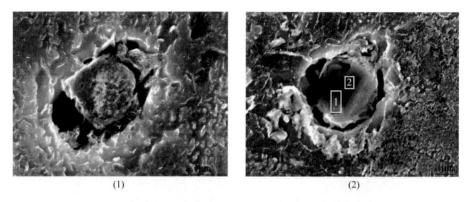

图 3-54　采用 1∶1 盐酸水溶液侵蚀 90s 后的铸坯中的夹杂物形貌

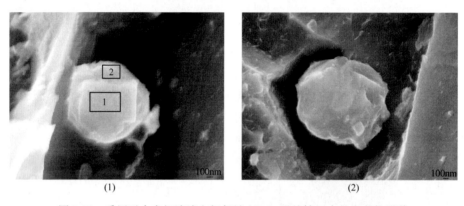

图 3-55　采用无水有机溶液电解侵蚀 10min 后的铸坯中的夹杂物形貌

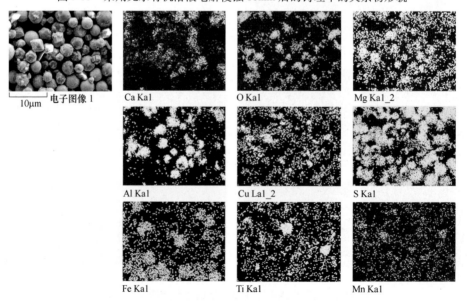

图 3-56　夹杂物整体元素面扫描结果

图 3-57 采用无水有机溶液电解得到的
铸坯中 TiN 夹杂物

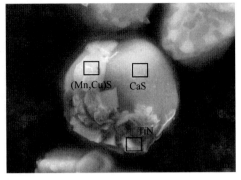

图 3-58 CaS 夹杂表面析出（Mn，Cu）S 和 TiN

图 3-59 采用无水有机溶液电解得到的铸坯中 MgO·Al₂O₃+CaS 复合夹杂物形貌

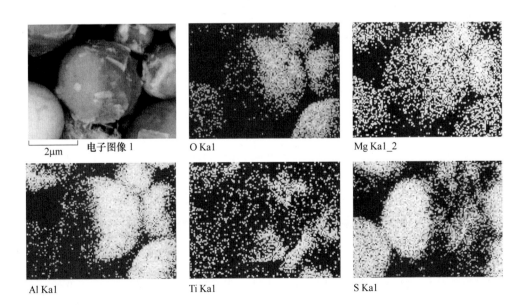

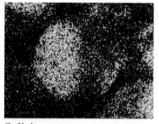 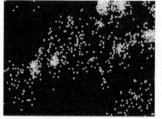 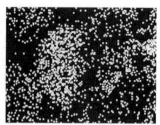

Ca Ka1　　　　　　　　　Cu La1_2　　　　　　　　Mn Ka1

图 3-60　MgO·Al_2O_3+CaS 复合夹杂物元素面分布

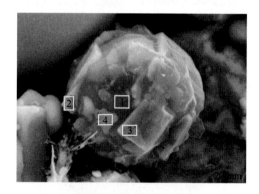

图 3-61　采用无水有机溶液电解得到的铸坯中 MgO·Al_2O_3 夹杂物
表面析出少量硫化物和 TiN 的形貌

表 3-23　图 3-52 中夹杂物对应成分　　　　　　　　　(%)

编号	MgO	Al_2O_3	CaO	CaS
(1)-1	10.48	25.83	0.00	63.69
(1)-2	20.22	69.93	0.00	9.84
(2)	0.00	0.00	0.00	100.00

表 3-24　图 3-54 中夹杂物对应成分　　　　　　　　　(%)

编号	MgO	Al_2O_3	CaO	CaS	TiN	MnO
(1)	21.79	77.34	0.00	0.00	0.87	0.00
(2)-1	7.76	83.59	5.38	0.00	0.00	3.27
(2)-2	0.00	84.46	15.54	0.00	0.00	0.00

表 3-25　图 3-55 中夹杂物对应成分　　　　　　　　　(%)

编号	MgO	Al_2O_3	CaS	MnS	TiN	MnO
(1)-1	14.69	40.38	11.87	28.91	4.15	0.00
(1)-2	23.56	62.55	3.37	10.52	0.00	0.00
(2)	3.22	40.70	16.06	36.65	3.37	0.00

表 3-26　图 3-57 中夹杂物不同区域对应成分　　　　　　　　　　（%）

序号	MnS	TiN	MnO
1	0.00	100.00	0.00
2	0.00	100.00	0.00
3	0.00	100.00	0.00

表 3-27　图 3-59 中夹杂物不同区域对应成分　　　　　　　　　　（%）

序号	MgO	Al_2O_3	CaO	CaS	MnS	TiN	SiO_2	MnO
1	5.83	75.92	2.36	16.18	0.00	0.00	0.00	0.00
2	0.00	2.27	0.00	54.89	29.40	0.00	0.00	13.44
3	3.43	48.29	0.00	9.15	0.00	36.69	2.43	0.00

表 3-28　图 3-61 中夹杂物不同区域对应成分　　　　　　　　　　（%）

序号	MgO	Al_2O_3	CaS	MnS	TiN
1	16.98	78.35	4.67	0.00	0.00
2	9.87	42.80	25.79	0.00	24.44
3	12.68	60.85	13.39	0.00	13.07
4	14.63	66.64	9.01	9.72	0.00

3.2.4　轧板中的非金属夹杂物

图 3-62~图 3-66 所示分别为轧板试样中二维直接观察、1∶1 盐酸水溶液侵蚀 90s 后、无水有机溶液电解侵蚀 10min 以及无水有机溶液电解完全提取后观察到的夹杂物典型形貌及元素面分布，表 3-29~表 3-32 分别为上述各图对应的夹杂物成分。可见轧板中夹杂物成分和形貌与铸坯中基本一样，并未随着轧制而发生变形，这主要是因为轧板中的夹杂物基本上都是高熔点夹杂物，且硬度较高，轧制过程不易变形。

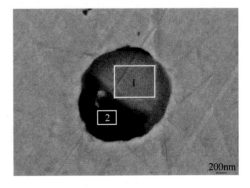

(1)　　　　　　　　　　　　　　　　　　(2)

图 3-62　轧板中典型夹杂物二维形貌

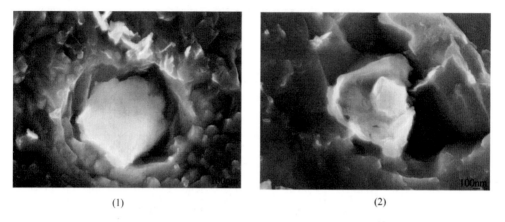

(1)　　　　　　　　　　　　　　　　(2)

图 3-63　采用 1∶1 盐酸水溶液侵蚀 90s 后轧板中的夹杂物形貌

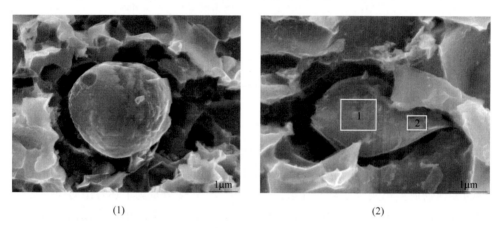

(1)　　　　　　　　　　　　　　　　(2)

图 3-64　采用无水有机溶液电解侵蚀 10min 后的轧板中的夹杂物形貌

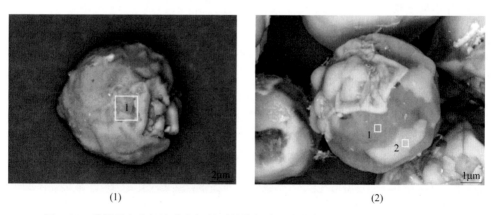

(1)　　　　　　　　　　　　　　　　(2)

图 3-65　采用无水有机溶液电解得到的轧板中的夹杂物三维形貌（背散射模式）

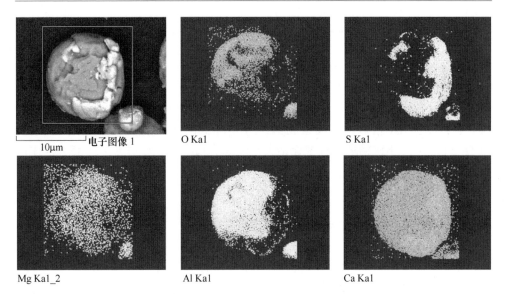

图 3-66 轧板中夹杂物元素面扫描

表 3-29 图 3-62 中夹杂物对应成分 （%）

编号	MgO	Al_2O_3	CaO	CaS
（1）	13.78	86.22	0.00	0.00
（2）-1	2.86	4.00	0.00	93.14
（2）-2	13.52	81.22	0.00	5.26

表 3-30 图 3-63 中夹杂物对应成分 （%）

编号	MgO	Al_2O_3	TiN	MnO
（1）	19.61	78.82	0.47	1.10
（2）	8.91	82.87	4.97	3.25

表 3-31 图 3-64 中夹杂物对应成分 （%）

编号	MgO	Al_2O_3	CaO	CaS	MnS	TiN	MnO
（1）	13.09	50.37	0.00	21.09	14.74	0.70	0.00
（2）-1	9.44	21.26	0.00	23.66	45.64	0.00	0.00
（2）-2	2.56	5.71	0.00	18.66	73.07	0.00	0.00

表 3-32 图 3-65 中夹杂物对应成分 （%）

编号	MgO	Al_2O_3	CaS	CaO	TiN	SiO_2
（1）	3.94	27.79	59.16	7.07	0.00	2.04
（2）-1	3.98	79.72	2.85	13.45	0.00	0.00
（2）-2	0.00	20.02	77.03	2.94	0.00	0.00

3.2.5　冶炼及连铸过程非金属夹杂物特征变化

图 3-67~图 3-69 所示分别为冶炼和连铸过程中夹杂物数密度、最大直径和 CaO/Al_2O_3 的变化。在 RH 真空处理阶段，夹杂物的数密度逐渐下降，喂钙线后略微下降，浇注阶段又有所回升。夹杂物的最大直径虽然波动较大，但从整体趋势上看，经过 RH 精炼后，夹杂物的尺寸是降低的。LF 出站时夹杂物的 CaO/Al_2O_3 约为 1.1，RH 精炼过程变化不大，喂线后 CaO/Al_2O_3 增加了 0.45，浇注过程 CaO/Al_2O_3 比显著降低，铸坯中 CaO/Al_2O_3 比值为 0.16。

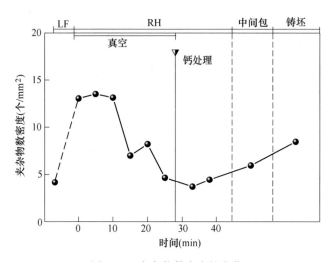

图 3-67　夹杂物数密度的变化

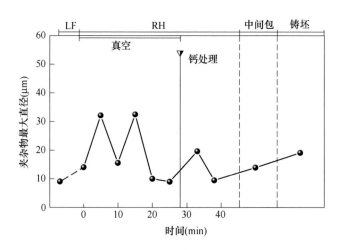

图 3-68　夹杂物最大直径的变化

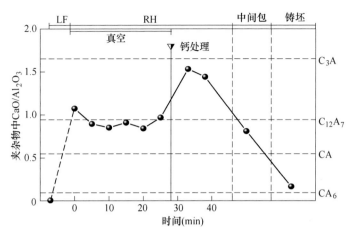

图 3-69　夹杂物平均成分的 CaO/Al_2O_3 变化

3.3　小结

本章分别对 BOF—LF 精炼—钙处理—CC 单精炼工艺和 BOF—LF 精炼—RH 精炼—钙处理—CC 双精炼工艺生产管线钢过程钢中非金属夹杂物的演变进行了分析。可知管线钢生产过程中夹杂物的转变路径主要为 $Al_2O_3 \to MgO\text{-}Al_2O_3 \to CaO\text{-}MgO\text{-}Al_2O_3 \to CaO\text{-}Al_2O_3\text{-}CaS$ 或 $MgO\text{-}Al_2O_3\text{-}CaS$。其中钙处理后由于钢中钙含量的不同而生成不同种类的夹杂物，以单精炼工艺下的夹杂物为例，由于钙处理后钢中钙含量较高，夹杂物主要是 $CaO\text{-}Al_2O_3$ 及少量 CaS，且熔点接近于低熔点区，因此容易生成大尺寸夹杂物，造成轧板中的 B 类夹杂物生成。而采用双精炼工艺，由于钙处理前钢中 T.O 含量较低，钙处理后尤其是连铸过程钢中夹杂物易转化成 $MgO\text{-}Al_2O_3\text{-}CaS$ 类型。

此外本章采用不同的检测方法对管线钢生产全流程中非金属夹杂物的形貌进行了观察分析。不同方法具有不同的优点，结合不同方法的观察结果，有助于让大家更好地认识管线钢中的夹杂物形貌及其形成机理。

4　管线钢脱氧过程热力学分析

图4-1所示为用 FactSage 热力学软件计算的 Al_2O_3-CaO-CaS 三元等温相图。由图可知，当夹杂物中的 CaS 含量超过 10%时，在 1600℃的炼钢温度下，夹杂物中无液态夹杂物生成；当夹杂物中的 CaS 含量小于 10%时，随着夹杂物中的 CaO 含量增加，夹杂物的演变为 Al_2O_3、$6Al_2O_3 \cdot CaO$、$2Al_2O_3 \cdot CaO$、$Al_2O_3 \cdot CaO$、$7Al_2O_3 \cdot 12CaO$、$Al_2O_3 \cdot 3CaO$ 和 CaO，其中只有 $Al_2O_3 \cdot CaO$、$7Al_2O_3 \cdot 12CaO$ 和 $Al_2O_3 \cdot 3CaO$ 在 1600℃的炼钢温度下为液态夹杂物，因此夹杂物中的 CaO 含量过高和过低都不利于夹杂物的液态化控制。

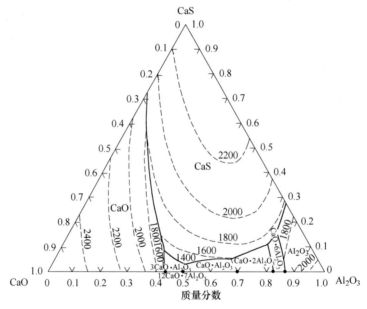

图 4-1　计算的 Al_2O_3-CaO-CaS 三元等温相图

铝是目前钢铁生产过程中最常用的脱氧剂之一，由于铝是极强的脱氧元素，所以它常被用为终脱氧剂，铝和氧反应关系如式（4-1）所示。使用铝为脱氧剂，当钢液中铝的化学当量超过氧时，会生成 Al_2O_3 和 AlN。小尺寸的 Al_2O_3 和 AlN 可以起到促进形核和细化组织的作用，然而大尺寸的簇状 Al_2O_3 会导致堵塞水口，影响钢铁的生产。因此，加入适量的脱氧剂既可以节约成本，又可以提高钢的质量。图 4-2 所示为采用 FactSage 热力学软件计算得到的 1873K 下纯铁液和管线钢成分条件下的 Al-O 平衡关系。从图中可以看出，当纯铁液中的溶解铝含量小于 0.1% 时，纯铁液中的溶解氧随着铝含量的增加而减少，当溶解铝含量达到 0.1% 左右，氧含量可降到最低值 3ppm 左右。之后，随着铝含量的增加，钢中 [O] 含量又开始升高，因此，在冶炼铝含量大于 0.1% 的高铝钢时，需要注意铝含量过高会使溶解氧含量回升的影响。在管线钢成分条件下，随着钢中铝含量的增加，平衡氧含量也是先降低后增加的趋势，但是在铝含量小于 5ppm 时，平衡的夹杂物为液相，这与纯铁液条件下的氧化铝不同。

$$2[Al] + 3[O] \rightleftharpoons Al_2O_3(s) \tag{4-1}$$

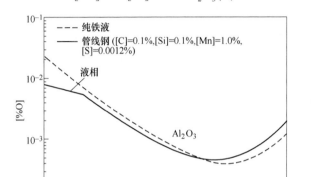

图 4-2　FactSage 计算的 1873K 下纯铁液和管线钢成分条件下 Al-O 平衡曲线

钙元素很活泼，很容易与钢中的氧反应，如式（4-2）所示。同时钙的汽化点很低，蒸气压高，钙线被加入钢液中会产生大量的钙蒸气。钙通常被用于加入钢液中变性铝脱氧钢中生成的 Al_2O_3 夹杂物。图 4-3 所示为根据经典 Wagner 活度

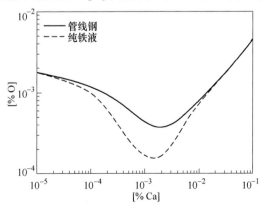

图 4-3　自编程计算得到的 1873K 纯铁液和管线钢成分条件下的 Ca-O 平衡曲线

理论，考虑二阶活度相互作用系数，自行设计程序计算得到的1873K下纯铁液中和0.1%C-0.1%Si-1%Mn-0.04%T. Al-0.0012%T. S 的管线钢成分下 Ca-O 平衡曲线。可知，纯铁液和管线钢中 [O] 含量都随钙含量的增加而先减小后增加，但整体上纯铁中的平衡 [O] 含量要低于管线钢，且 [O] 含量能够达到的最低值不同。纯铁中最低可达 1.5ppm 左右，此时钙含量约为 10.5ppm，而管线钢中最低为 3.5ppm 左右，且达到最低 [O] 的钙含量要稍高于纯铁中。但当钢中钙含量大于 100ppm 以后，管线钢和纯铁中的平衡 [O] 含量差别不大。

$$[Ca] + [O] \Longrightarrow CaO(s) \qquad (4\text{-}2)$$

图 4-4 所示为采用 FactSage 热力学软件计算得到的 1873K 下 0.064%C-0.23%Si-1.6%Mn-0.04%Al 管线钢钢液中硫含量为 0ppm、30ppm、100ppm 和 300ppm 时的 Ca-O 平衡曲线变化规律，图中也示出了通过自编程得到的纯铁液下的 Ca-O 平衡曲线。由图可知，当钢液中硫含量为 0ppm 时，随着钢中钙含量的增加，夹杂物的生成顺序分别为 $6Al_2O_3 \cdot CaO$、$2Al_2O_3 \cdot CaO$、液态夹杂物和 CaO，钢中的氧含量略有降低。在钙含量小于 2ppm 时，随着钢液中的硫含量从 0ppm 增加到 300ppm，钢中的氧含量变化不大，生成的夹杂物种类变化也不大。在钙含量大于 2ppm 时，随着钢液中的硫含量从 0ppm 增加到 300ppm，钢中的氧含量略有降低，钢中的 CaO 夹杂物逐渐不能生成，生成的夹杂物主要为液态夹杂物。由此可知，1873K 下管线钢中不同的硫含量对管线钢钢液中的 Ca-O 平衡曲线影响较小。相比纯铁液来说，管线钢中的氧含量随钙含量增加变化更小。

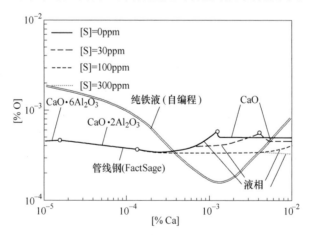

图 4-4　1873K 下 0.064%C-0.23%Si-1.6%Mn-0.04%Al 的管线钢钢
液中不同硫含量对 Ca-O 平衡曲线的影响

镁元素也很活泼，容易与钢中的氧反应，如式（4-3）所示。由于镁质耐火材料的使用，钢中不可避免地会存在一定量的镁。图 4-5 所示为通过自编程计算得到的 1873K 下纯铁液和 0.1%C-0.1%Si-1%Mn-0.04%Al-0.0012%S 的管线钢成分下 Mg-O 平衡曲线。与 Ca-O 平衡一样，纯铁液和管线钢中［O］含量也都随镁含量的增加而先减小后增加，纯铁中［O］含量最低可达 1.6ppm 左右，此时镁含量约为 11ppm；而管线钢中［O］最低为 4.5ppm 左右，且达到最低［O］的镁含量要稍高于纯铁中。当镁含量低于 3ppm，与管线钢成分体系下平衡的［O］含量要低于纯铁体系；而当 Mg 含量分别为 4～100ppm 之间时，与管线钢成分体系下平衡的［O］含量要更高；同样当钢中钙含量大于 100ppm 以后，管线钢和纯铁中的平衡［O］含量差别不大。

$$［Mg］＋［O］\xlongequal{\hspace{1cm}} MgO(s) \tag{4-3}$$

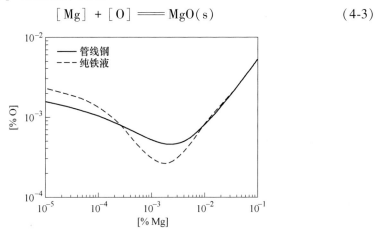

图 4-5　计算得到的 1873K 纯铁和管线钢成分条件下的 Mg-O 平衡曲线

图 4-6 所示为用 FactSage 热力学软件计算的 1873K 下 0.064%C-0.23%Si-1.6%Mn-0.04%Al 管线钢钢液中［O］含量分别为 0ppm、0.1ppm、1ppm、10ppm 和 50ppm 时，Ca-S 平衡曲线变化规律。由图可知，钢中生成硫化物的种类为 CaS。

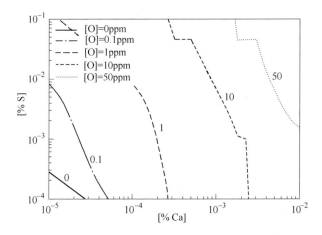

图 4-6　1873K 下 0.064%C-0.23%Si-1.6%Mn-0.04%Al-Ca-O-S 管线钢钢液中不同［O］含量对 Ca-S 平衡曲线的影响

当钢液中［O］含量为0ppm时，随着钢中钙含量的增加，钢中的硫含量迅速降低。随着钢液中的［O］含量从0ppm增加到300ppm，钢中的硫含量大幅度增加，但钢中［O］含量仍旧随着钙含量的增加迅速降低。由此可知，1873K下管线钢中的不同的［O］含量对管线钢钢液中Ca-S平衡曲线影响很大。

图4-7所示为通过FactSage热力学软件计算得到的1873K下纯铁液以及不含钙和含钙0.5ppm时0.1%C-0.1%Si-1.0%Mn-0.0012%S管线钢中Al-Mg-O夹杂物生成相图。不含钙情况下，管线钢成分和纯铁液条件下的平衡相图基本没区别。当钢中的［Mg］含量很低时，钢中夹杂物主要为Al_2O_3；当钢中的［Mg］含量超过0.4ppm时，钢中开始生成$MgO \cdot Al_2O_3$夹杂物；当钢中的［Mg］含量超过约8ppm时，钢中夹杂物主要为MgO。在钢中含钙0.5ppm的情况下，当钢中［Mg］和［Al］含量都很低时，生成液相夹杂，而在低［Mg］高［Al］时，则生成$CaO \cdot 2Al_2O_3$夹杂物。

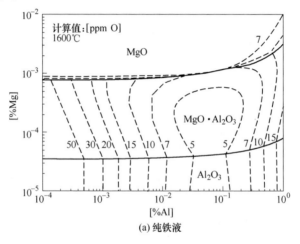

(a) 纯铁液

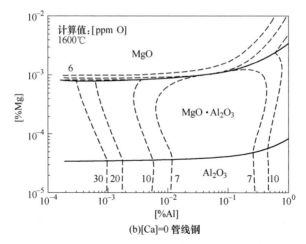

(b)[Ca]=0 管线钢

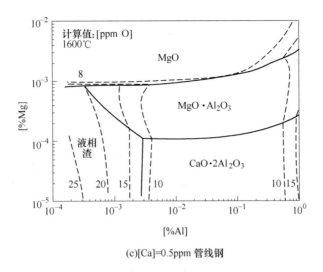

(c)[Ca]=0.5ppm 管线钢

图 4-7 FactSage 计算得到的 1873K 下 0.1%C-0.1%Si-1.0%Mn-0.0012%S
管线钢液中 Al-Mg-O 平衡曲线

图 4-8 所示为通过 FactSage 计算得到的 1873K 下纯铁液中 Al-Ca-O 系夹杂物
稳定相区。由图可知，铝脱氧钢中铝含量较高时，会产生 Al_2O_3 堵塞水口现象，
可以通过钙处理的方法将 Al_2O_3 改性为低熔点的 $3CaO \cdot Al_2O_3$ 和 $12CaO \cdot 7Al_2O_3$
夹杂物。然而，喂入的钙线过多，可能会导致生成 CaO 夹杂物，同样影响产品
质量。因此，喂入钙线量的过多和过少都会造成改性效果不好，不能生成低熔点
钙铝酸盐夹杂物，因此需要精确控制喂入钙线量。

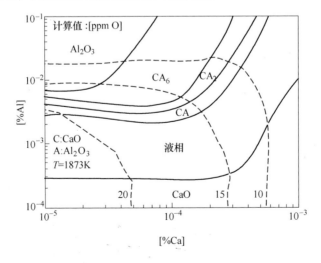

图 4-8 FactSage 计算得到的 1873K 下纯铁液中 Al-Ca-O 系夹杂物稳定相区

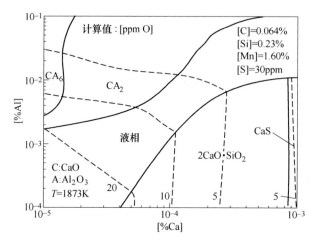

图 4-9　1873K 下 0.064%C-0.23%Si-1.6%Mn-0.003%S
管线钢钢液中夹杂物稳定相图

　　图 4-9 所示为 1873K 下 0.064%C-0.23%Si-1.6%Mn-0.003%S 管线钢钢液中夹杂物稳定相图。由图可知，钢液中生成夹杂物的种类为 $6Al_2O_3 \cdot CaO$、$2Al_2O_3 \cdot CaO$、液态夹杂物、$CaO \cdot SiO_2$ 和 CaS；当钢液中钙含量较低、铝含量较高时，钢液中生成高 Al_2O_3 含量的夹杂物；当钢液中钙含量较高、铝含量较低时，钢液中生成高 $CaO \cdot SiO_2$ 和 CaS 夹杂物；当钢液中钙含量和铝含量的比值大概为 1：10 时，钢中生成液态夹杂物。由此可知，管线钢的钙处理过程加入过多或者过少的钙线都无法实现夹杂物液态化变性。

　　为了确定管线钢钙处理过程钢中夹杂物中的 CaS 的生成条件，计算了不同加钙量对管线钢中夹杂物成分的影响。1873K 下不同钙含量对 0.06%C-0.23%Si-1.6%Mn-0.04% T. Al-15ppmT. O-30ppmT. S 管线钢中夹杂物影响的计算结果如图 4-10 所示。由图可知，随着管线钢中 T. Ca 含量从 0ppm 增加到 80ppm，管线钢中非金属夹杂物的转变顺序为：$Al_2O_3 \rightarrow CaO \cdot 6Al_2O_3 \rightarrow CaO \cdot 2Al_2O_3 \rightarrow$ 液态钙铝酸盐$\rightarrow CaS \rightarrow CaO$。在此条件下，管线钢中 CaS 夹杂物生成和分解的临界 T. Ca 含量为 19ppm。当 T. Ca 含量高于 19ppm 时，管线钢中开始生成 CaS 夹杂物；当 T. Ca 含量低于 19ppm 时，管线钢中 CaS 夹杂物分解消失。

　　采用图 4-10 的计算方法，对不同温度和不同成分条件下的 0.06%C-0.23%Si-1.6%Mn-0.04% T. Al-T. O-T. S 管线钢中 CaS 夹杂物生成的临界 T. Ca 含量进行了计算，结果如图 4-11 所示。图 4-11（a）为 1873K 下，不同 T. S 和 T. O 含量下 CaS 夹杂物生成的临界 T. Ca 含量结果。由图可知，随着钢中 T. O 含量增加，CaS 夹杂物生成的临界 T. Ca 含量随之上升。同时，随着管线钢中 T. S 含量的增

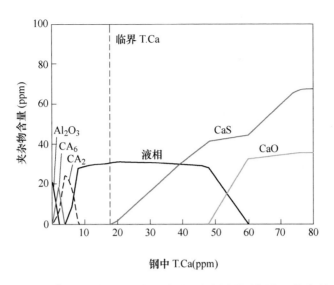

图 4-10　1873K 下 0.06%C-0.23%Si-1.6%Mn-0.04% T. Al-15ppmT. O-30ppmT. S
管线钢中 CaS 夹杂物生成的临界 T. Ca 含量

加，管线钢中 CaS 夹杂物生成所需要的临界 T. Ca 含量降低。图 4-11（b）为计算的不同温度下管线钢中 T. O 含量与 CaS 夹杂物生成的临界 T. Ca 含量的关系，随着温度从 1823K 增加到 1923K，管线钢中 CaS 夹杂物生成所需要的临界 T. Ca 含量增加，即 CaS 夹杂物在低温下更容易生成。此计算结果可以用于对不同温度和不同成分条件下管线钢中 CaS 夹杂物的生成进行预测。

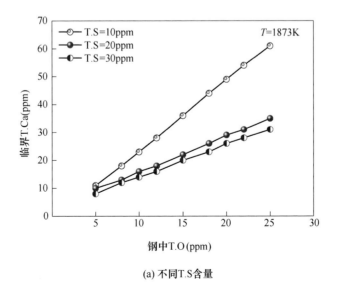

(a) 不同 T. S 含量

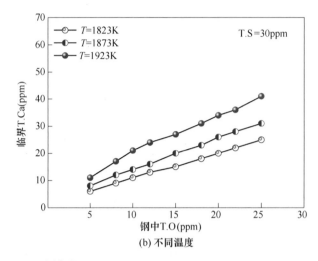

(b) 不同温度

图 4-11　不同条件下 0.06%C-0.23%Si-1.6%Mn-0.04% T. Al-T. O-T. S
管线钢中 CaS 夹杂物生成的临界 T. Ca 含量

5 管线钢钙处理过程夹杂物瞬态变化实验室研究

5.1 实验方法

实验装置如图 5-1 所示。首先用热电偶对 Si-Mo 电阻炉 1873K 温度下的恒温区的位置进行了测量，得到了 1873K 下反应管内恒温区所处的位置和恒温区的高度。将 150g 铝脱氧钢在氧化镁坩埚（直径 30mm 和高度 100mm）中加热到 1600℃，在钢液熔化后分别不加入和加入 0.1g 的 FeS。钢液熔化 10min 后，加入 0.5g 硅钙合金粉（含 30% 钙）对钢液进行钙处理。为了观察钙处理后钢中夹杂物的瞬态变化，分别在钙处理后的 1min、10min 和 30min 用石英管对钢液进行取样，取出的样品直接用水冷将钢液冷却到室温，整个实验加料和取样过程示意图如图 5-2 所示。

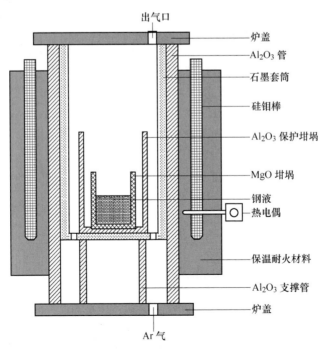

图 5-1　实验电阻炉示意图

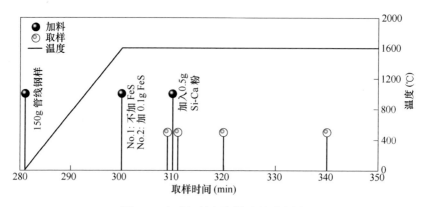

图 5-2　实验加料和取样过程示意图

试样经过粗磨、细磨和抛光三道工序制成能在光学显微镜和扫描电子显微镜下观察的金相试样。具体制样过程如下：先用粗砂纸对试样进行粗磨，将试样修整成平面，并磨成合适的外形，以便于下一道工序的进行。然后依次在 150 号、240 号、400 号、600 号、800 号、1000 号、1200 号和 1500 号砂纸上进行逐级细磨，最后对试样进行抛光。

对夹杂物的检测采用了有机电解液电解侵蚀的方法。将电解的钢样做阳极，不锈钢片做阴极，在一定温度、电流下进行电解实验。电解后，用 SEM 观察电极上的夹杂物。有机电解液可将夹杂物周围的钢基体侵蚀，揭示夹杂物的三维形态而不破坏夹杂物的形貌和成分。在电镜下随机观察 12 个以上夹杂物并进行能谱分析，个别典型夹杂物进行面扫描或线扫描。

实验后对试样中的 T. Al 含量、T. Ca 含量用 ICP 进行测量，对钢中的 T. S 含量用碳硫分析仪进行测量，钢中 T. O 含量用 Leco 氧氮分析仪进行分析。实验用的铝脱氧钢钙处理前后钢液成分见表 5-1。钙处理过后，钢中钙含量明显上升。

表 5-1　钢的化学成分

编号	位　　置	C（%）	Si（%）	Mn（%）	T. S（ppm）	T. Al（%）	T. Ca（ppm）	T. O（ppm）
0	原始管线钢样品	0.0643	0.233	1.600	30	0.041	6	14
1-30	低硫管线钢钙处理后 30min 样品	0.0690	0.393	1.571	33	0.040	13	68
2-30	高硫管线钢钙处理后 30min 样品	0.0700	0.405	1.574	310	0.044	14	22

5.2　低硫管线钢钙处理过程夹杂物的瞬态演变

低硫管线钢钙处理前钢中典型夹杂物的形貌和成分分别如图 5-3 和表 5-2 所示。可见钙处理前，低硫管线钢中夹杂物的主要类型为棱角分明的 Al_2O_3 和

MgO·Al_2O_3 夹杂物，此类夹杂物熔点高、硬度大，轧制过后不容易变形，严重影响着钢材产品的质量。

(1) (2) (3) (4)

(5) (6) (7) (8)

图5-3 低硫管线钢钙处理前钢中典型夹杂物的形貌

表5-2 低硫管线钢钙处理前钢中典型夹杂物的成分 （%）

编号	MgO	Al_2O_3	CaO	合计
1-0-1	0	100	0	100
1-0-2	0	100	0	100
1-0-3	12.84	87.16	0	100
1-0-4	0	100	0	100
1-0-5	8.42	87.95	3.63	100
1-0-6	0	100	0	100
1-0-7	0	90.95	9.05	100
1-0-8	12.98	87.02	0	100

图5-4所示为低硫管线钢钙处理后1min钢中典型夹杂物的形貌，表5-3为对

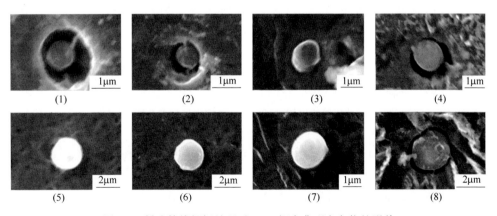

(1) (2) (3) (4)

(5) (6) (7) (8)

图5-4 低硫管线钢钙处理后1min钢中典型夹杂物的形貌

应夹杂物成分。喂入硅钙线后 1min 时，低硫管线钢中夹杂物已经迅速发生了很大的变化，形貌从棱角分明迅速转变成球形和近球形，成分也从 Al_2O_3 和 $MgO \cdot Al_2O_3$ 迅速转变成 Al_2O_4-CaS-CaO。

表 5-3　低硫管线钢钙处理后 1min 钢中典型夹杂物的成分　　　　　　（%）

编号	Al_2O_3	CaO	CaS	合计
1-1-1	67.39	22.78	9.83	100
1-1-2	64.98	19.33	15.69	100
1-1-3	37.25	17.69	45.07	100
1-1-4	44.21	8.14	47.65	100
1-1-5	36.31	63.69	0	100
1-1-6	22.87	22.15	54.98	100
1-1-7	39.39	11.61	48.99	100
1-1-8	23.08	23.65	53.26	100

钙处理后 10min，低硫管线钢中典型夹杂物的形貌如图 5-5 所示。此时钢中夹杂物的形貌已经基本完全从之前的近球形转变成球形夹杂物。从表 5-4 可知，钙处理后 10min，钢中大多数夹杂物 CaS 含量明显下降，CaO 含量上升。可见，钙处理后 1~10min 的过程中 CaS 与钢中的氧或 Al_2O_3 中的氧发生了反应，生成了 CaO。

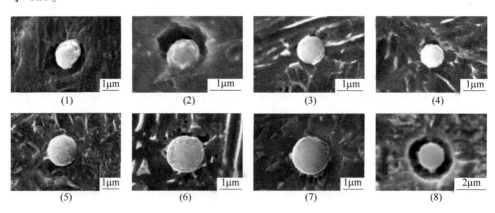

图 5-5　低硫管线钢钙处理后 10min 钢中典型夹杂物的形貌

表 5-4　低硫管线钢钙处理后 10min 钢中典型夹杂物的成分　　　　　（%）

编号	MgO	Al_2O_3	CaO	CaS	Cu_2S	合计
1-10-1	0	63.40	0	36.60	0	100
1-10-2	0	80.12	1.19	18.69	0	100

续表 5-4

编号	MgO	Al₂O₃	CaO	CaS	Cu₂S	合计
1-10-3	0	64.1	32.63	3.27	0	100
1-10-4	0	60.42	39.58	0	0	100
1-10-5	0	60.60	36.55	2.85	0	100
1-10-6	3.45	58.13	33.39	5.03	0	100
1-10-7	4.69	70.11	25.21	0	0	100
1-10-8	4.23	58.23	28.19	0	9.35	100

图 5-6 和表 5-5 所示为低硫管线钢钙处理后 30min 钢中典型夹杂物的形貌和成分。此时低硫管线钢中夹杂物的形貌为表面光滑的球形夹杂物。夹杂物中 CaS 含量不断下降至基本消失，CaO 含量变化不大，夹杂物的类型为钙铝酸盐夹杂物。我们通常观察到的管线钢生产过程中 Al₂O₃ 夹杂物进行钙处理后的夹杂物与此时的夹杂物基本相似。

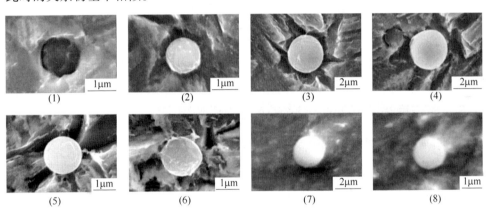

图 5-6　低硫管线钢钙处理后 30min 钢中典型夹杂物的形貌

表 5-5　低硫管线钢钙处理后 30min 钢中典型夹杂物的成分　　　（%）

编号	MgO	Al₂O₃	SiO₂	CaO	CaS	合计
1-30-1	3.45	58.13	0	33.39	5.03	100
1-30-2	0	73.64	0	26.36	0	100
1-30-3	0	67.48	0	32.52	0	100
1-30-4	0	72.35	0	27.65	0	100
1-30-5	0	71.19	2.29	26.52	0	100
1-30-6	1.28	65.75	0	32.97	0	100
1-30-7	0	77.55	0	22.45	0	100
1-30-8	0	80.59	0	19.41	0	100

图 5-7 所示为低硫管线钢钙处理前后夹杂物中 Al_2O_3、CaO 和 CaS 平均成分变化。钙处理前钢中夹杂物的主要类型为 Al_2O_3。钙处理过后，夹杂物中 Al_2O_3 含量迅速下降，随后回升至不变；夹杂物中 CaS 含量在钙处理后迅速明显增加，随后逐渐减少至消失；夹杂物中 CaO 含量在钙处理后迅速增加，随后含量基本不变。说明此钢在实验条件下 CaS 在钙处理过程属于瞬态过渡产物。

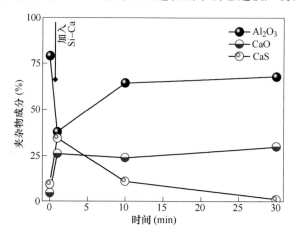

图 5-7　低硫管线钢钙处理前后夹杂物中 Al_2O_3、CaO 和 CaS 平均含量变化

5.3　高硫管线钢钙处理过程夹杂物的瞬态演变

高硫管线钢钙处理前钢中典型夹杂物的形貌和成分分别如图 5-8 和表 5-6 所示。可见钙处理前，高硫管线钢中夹杂物的主要类型也为棱角分明的 Al_2O_3 和 $MgO \cdot Al_2O_3$ 夹杂物。由于钢中 T.S 含量很高，部分夹杂物中含有少量的 MnS 和 Cu_2S。

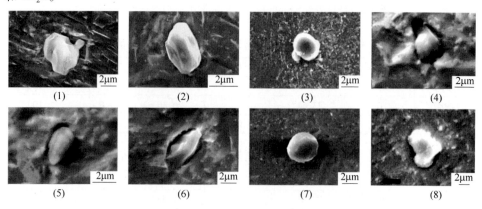

图 5-8　高硫管线钢钙处理前钢中典型夹杂物的形貌

表 5-6 高硫管线钢钙处理前钢中典型夹杂物的成分 （％）

编号	MgO	Al_2O_3	CaO	CaS	MnS	Cu_2S	合计
2-0-1	0	100	0	0	0	0	100
2-0-2	0	100	0	0	0	0	100
2-0-3	6.96	93.04	0	0	0	0	100
2-0-4	5.40	77.35	0	7.50	4.89	4.86	100
2-0-5	1.09	86.29	0	4.27	4.27	4.08	100
2-0-6	2.60	86.79	5.80	0	1.18	3.64	100
2-0-7	8.04	80.7	11.26	0	0	0	100
2-0-8	3.83	96.17	0	0	0	0	100

图 5-9 所示为高硫管线钢钙处理后 1min 钢中典型夹杂物的形貌，表 5-7 为对应夹杂物成分。喂入硅钙线后 1min，高硫管线钢中夹杂物发生了很大的变化，形貌从棱角分明迅速转变成球形和近球形，成分从 Al_2O_3 和 $MgO \cdot Al_2O_3$ 夹杂物迅速转变成 Al_2O_3-CaS。可见钙处理后 1min，CaS 比 CaO 先生成。由于钢中 T.S 含量很高，部分夹杂物中含有 8-20% 的 MnS。

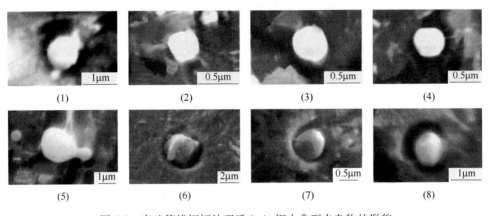

图 5-9 高硫管线钢钙处理后 1min 钢中典型夹杂物的形貌

表 5-7 高硫管线钢钙处理后 1min 钢中典型夹杂物的成分 （％）

编号	Al_2O_3	CaO	CaS	MnS	Cu_2S	合计
2-1-1	58.04	17.02	3.08	21.86	0	100
2-1-2	66.48	0	33.52	0	0	100
2-1-3	53.83	0	46.17	0	0	100
2-1-4	73.11	0	26.89	0	0	100
2-1-5	60.59	19.85	3.20	16.35	0	100

续表 5-7

编号	Al_2O_3	CaO	CaS	MnS	Cu_2S	合计
2-1-6	77.46	9.38	4.18	8.99	0	100
2-1-7	23.11	0	38.1	21.24	17.55	100
2-1-8	72.69	0	18.08	9.23	0	100

钙处理后 10min，高硫管线钢中典型夹杂物的形貌如图 5-10 所示。此时钢中夹杂物的形貌已经基本转变成球形。从表 5-8 可知，钙处理后 10min，钢中大多数夹杂物 CaS 含量明显下降，CaO 含量明显上升。可见，钙处理后 1～10min 的过程中 CaS 与钢中的氧或 Al_2O_3 中的氧发生了反应生成了 CaO。

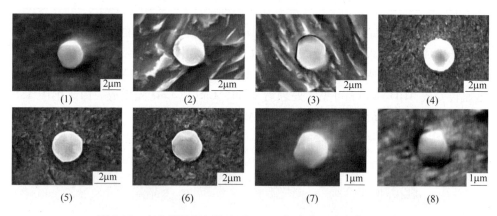

图 5-10　高硫管线钢钙处理后 10min 钢中典型夹杂物的形貌

表 5-8　高硫管线钢钙处理后 10min 钢中典型夹杂物的成分　　　　（%）

编号	Al_2O_3	CaO	CaS	MnS	合计
2-10-1	68.99	23.52	0	7.49	100
2-10-2	46.29	5.15	18.65	29.91	100
2-10-3	48.28	9.16	17.73	24.43	100
2-10-4	52.81	9.79	17.04	20.36	100
2-10-5	33.16	0	14.74	52.10	100
2-10-6	53.82	7.55	15.89	22.73	100
2-10-7	74.24	9.27	6.42	10.08	100
2-10-8	50.89	14.47	10.22	24.43	100

图 5-11 和表 5-9 所示为高硫管线钢钙处理后 30min 后钢中典型夹杂物的形貌和成分。此时高硫管线钢中夹杂物的形貌为表面光滑的球形。夹杂物中的 CaS 含量不断下降至基本消失，CaO 含量有所增加，夹杂物的类型为钙铝酸盐。此外部分夹杂物中还存在一定含量的 MnS。

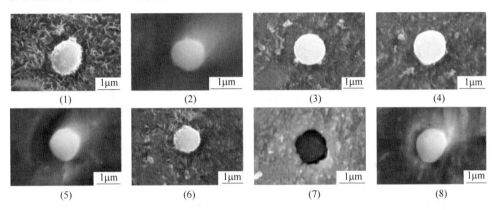

图 5-11 高硫管线钢钙处理后 30min 钢中典型夹杂物的形貌

表 5-9 高硫管线钢钙处理后 30min 钢中典型夹杂物的成分 （%）

编号	MgO	Al_2O_3	CaO	CaS	MnS	合计
2-30-1	0	70.26	0	20.94	8.8	100
2-30-2	0	78.54	9.61	11.84	0	100
2-30-3	0	74.03	18.84	7.13	0	100
2-30-4	0	49.56	18.13	32.31	0	100
2-30-5	0	65.87	27.16	0	6.96	100
2-30-6	0	75.90	12.69	8.20	3.20	100
2-30-7	0	85.63	4.96	9.40	0	100
2-30-8	2.93	67.86	14.88	11.55	2.79	100

图 5-12 所示为高硫管线钢钙处理前后夹杂物中 Al_2O_3、CaO 和 CaS 平均含量变化。由图可知，钙处理前钢中夹杂物的主要类型为 Al_2O_3。钙处理后，夹杂物中的 Al_2O_3 含量显著下降，随后回升；CaS 含量明显增加，随后逐渐减少，但减少的速度远低于低硫管线钢实验过程；CaO 含量逐渐增加。此实验再次说明，在此实验条件下 CaS 钙处理过程中属于瞬态过渡产物。

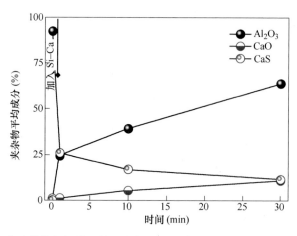

图 5-12　高硫管线钢钙处理前后夹杂物中 Al_2O_3、CaO 和 CaS 平均成分变化

5.4　管线钢钙处理夹杂物的瞬态变化机理

图 5-13 所示为管线钢钙处理后 1min 夹杂物面扫描结果。其中图 5-13（a）为部分电解侵蚀结果，图中夹杂物右半部分是一个 Al_2O_3（-CaO）核心，左半部分为 CaS 包裹层。为了准确地检测夹杂物的成分，又对普通金相试样表面的夹杂物进行了检测，结果如图 5-13（b）所示。同样可以发现一个 CaS 外层包裹着一个球状的 Al_2O_3（-CaO）核心。因此可知，刚刚钙处理后，钙元素会迅速与钢中的硫反应生成 CaS，包裹着球形的 Al_2O_3（-CaO）。

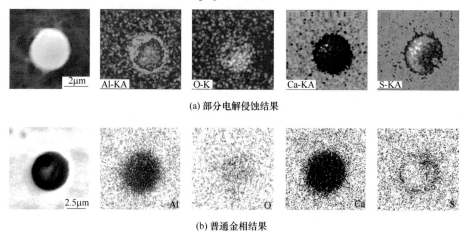

图 5-13　管线钢钙处理后 1min 夹杂物面扫描结果

图 5-14 所示为管线钢在钙处理后 30min 夹杂物的面扫描结果。其中图 5-14（a）为部分电解侵蚀结果，夹杂物中的 Al、Ca 和 O 元素分布均匀，没有检

测到硫元素。同样对普通金相试样表面的夹杂物进行了检测，结果如图5-14（b）所示。夹杂物为元素分布均匀的钙铝酸盐，无CaS。因此可知，钙处理达到稳定后，夹杂物中的CaS会逐渐消失；相反地，夹杂物中的CaO会越来越多。最终，Al_2O_3夹杂物会被改性成低熔点的液态钙铝酸盐夹杂物。

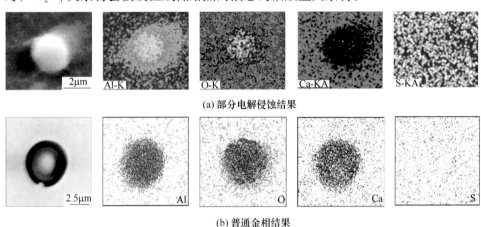

(a) 部分电解侵蚀结果

(b) 普通金相结果

图5-14　管线钢钙处理后30min夹杂物面扫描结果

　　由于钙的沸点很低，在炼钢温度下向铝脱氧钢钢水中加钙后，钙会迅速变成钙蒸气，造成加钙位置钙含量剧烈升高。喂钙线过程的计算结果如图5-15所示[188]。图中深色区域即为喂钙线时产生的钙富集区域，此时其余钢液基体位置的钙含量并不很高。随着钢水逐渐混匀，富钙区域中的钙含量逐渐降低，其余钢液中的钙含量逐渐升高，最终所有钢液内钙含量达到一致。

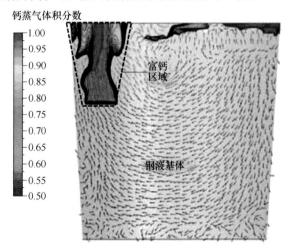

图5-15　向钢包钢水中喂钙线过程中钙蒸气体积分数分布[188]

管线钢钙处理过程夹杂物变性机理如图 5-16 所示。第一步，铝脱氧后，钢水中迅速生成棱角分明的 Al_2O_3 夹杂物。第二步，在钙处理喂入硅钙线后，由于钙含量分布的不均匀性，在富钙区域局部 T. Ca 含量大于 CaS 生成所需的临界 T. Ca 含量，导致［Ca］迅速与钢中［S］反应，在 Al_2O_3 夹杂物表面生成 CaS 夹杂物相，同时生成 $mCaO \cdot nAl_2O_3$ 相；在钢液基体区域，少量的钙与 Al_2O_3 夹杂物反应生成钙铝酸盐夹杂物。第三步，随着钢水混匀，钢中合金逐渐均匀，在富钙区域局部 T. Ca 含量小于 CaS 生成所需的临界 T. Ca 含量，富钙区域夹杂物中的 CaS 逐渐与 Al_2O_3 或［O］反应而降低；随着钢液基体区域内钙含量的逐渐增加，钙继续与 Al_2O_3 夹杂物反应生成钙铝酸盐夹杂物。第四步，随着反应达到平衡，最终在钢水中生成近球形的 $xAl_2O_3 \cdot yCaO$ 夹杂物。

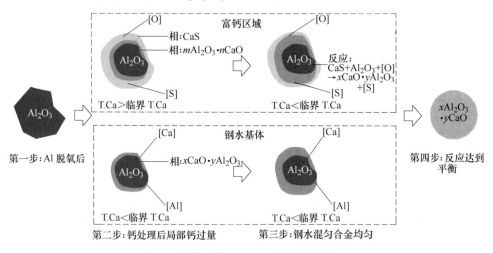

图 5-16　管线钢钙处理过程夹杂物变性机理

5.5　小结

（1）钙处理后，低硫管线钢夹杂物中 Al_2O_3 含量先明显下降，随后回升至不变；CaS 含量先迅速增加，随后逐渐减少直至消失；CaO 含量先迅速增加，随后含量基本不变。

（2）钙处理后，高硫管线钢夹杂物中 Al_2O_3 含量迅速明显下降，随后回升；CaS 含量明显增加，随后逐渐减少，但减少的速度远低于低硫管线钢实验过程；CaO 含量逐渐增加。

（3）确定了管线钢钙处理过程夹杂物变性机理。铝脱氧后，管线钢中迅速生成棱角分明的 Al_2O_3 夹杂物。在喂入硅钙线后，由于钙含量分布的不均匀性，在富钙区域局部 T. Ca 含量大于 CaS 生成所需的临界 T. Ca 含量，导致钢中的［Ca］迅速与［S］反应，在 Al_2O_3 夹杂物表面生成 CaS 夹杂物相，同时生成

mCaO·nAl$_2$O$_3$ 相。随着钢水混匀，钢中合金逐渐均匀，在富钙区域局部 T. Ca 含量小于 CaS 生成所需的临界 T. Ca 含量，富钙区域夹杂物中的 CaS 逐渐与 Al$_2$O$_3$ 或〔O〕反应而降低。在钢液基体区域，钙与 Al$_2$O$_3$ 夹杂物反应生成钙铝酸盐夹杂物。随着反应达到平衡，最终在所有管线钢钢水中生成近球形的 xAl$_2$O$_3$·yCaO 夹杂物。CaS 在整个钙处理过程中属于瞬态过渡产物。

6　管线钢精准钙处理模型

6.1　管线钢钙处理过量引起的大尺寸 CaO-CaS 夹杂物

对因钙处理加钙过量而引起管线钢产品的探伤不合的样品进行电镜观察检测，结果如图 6-1 所示。发现引起探伤不合的夹杂物主要为大尺寸的条链状夹杂物，长度在 100μm 以上。其中，在条链状夹杂物中的细条相中间存在着许多 10μm 左右的大颗粒相。这类链条状夹杂物容易造成管线钢的裂纹，严重影响着钢材产品的性能。

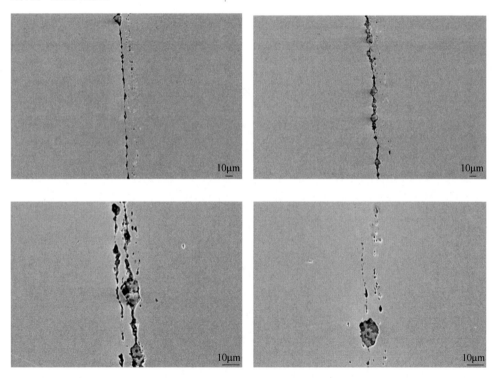

图 6-1　引起探伤不合大尺寸条链状夹杂物形貌

如图 6-2 所示，对条链状夹杂物中的大颗粒状夹杂物进行 EDS 成分分析可知，其成分主要为 CaS 和 CaO，同时还混合着少量的 Al_2O_3。夹杂物中 Ca/Al 的原子比例很高，远远超过了低熔点钙铝酸盐夹杂物 $7Al_2O_3 \cdot 12CaO$ 和 $Al_2O_3 \cdot 3CaO$ 中的 Ca/Al 比。可知，在钢中钙含量过量的情况下，钢中会生成大尺寸 CaO-CaS 类夹杂物。

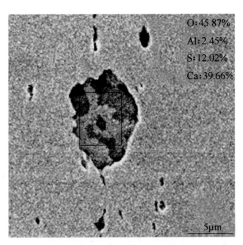

图 6-2 大颗粒状夹杂物形貌和成分

为了进一步研究钢中条链状夹杂物的成分分布，对夹杂物中的大颗粒相和细条相进行了面扫描检测。图 6-3 所示为条链状夹杂物中细条相的面扫描结果，可以看出这类细条相夹杂物的主要成分为 CaS，Al 元素和 O 元素的含量很少；同时，此类 CaS 夹杂物在轧制后形成细长条相，这主要是因为纯 CaS 夹杂物更容易破碎变形。图 6-4 所示为条链状夹杂物中大颗粒相的面扫描结果。钙含量在整

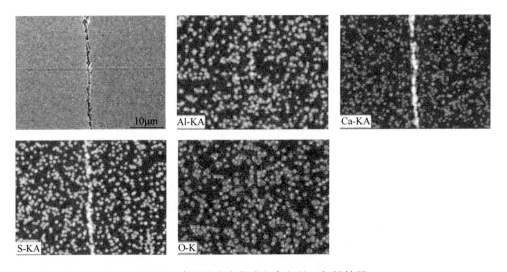

图 6-3 条链状夹杂物中细条相的面扫描结果

个大尺寸夹杂物中分布较为均匀，浅色相部分为 CaS 相，深色部分为 CaO 相，只存在少量的 Al_2O_3 相。CaS 相和 CaO 相不规则地混合在一起，不存在明显的包裹分层现象，这说明这类 CaS 和 CaO 夹杂物可能是在喂钙线过量的情况下同时混合生成的。同时也可知，此类 CaS-CaO 夹杂物比 CaS 夹杂物的强度更高，变形能力更差。

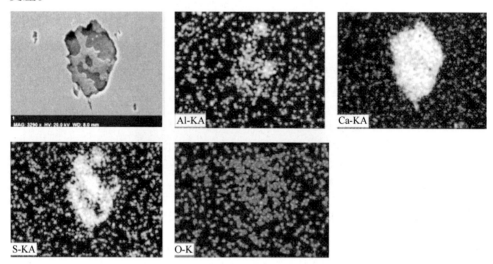

图 6-4　条链状夹杂物中大颗粒相的面扫描结果

　　综上所述，钙处理过程并不是喂入的钙越多越好，而应该根据不同钢种的夹杂物控制目标进行精准喂钙。这就要求建立精准钙处理模型来对企业生产过程的喂钙线操作进行指导。

6.2　精准钙处理模型的建立

6.2.1　液态窗口定义

　　钙处理已经被广泛应用于多种钢种尤其是铝镇静钢的生产，它可以对氧化物和硫化物改性，提高钢液可浇性，防止水口结瘤，减轻高熔点氧化物及易变形硫化物对钢材机械性能和使用性能的危害。针对钙对氧化物的改性原理，国内外冶金工作者已经做了大量的热力学计算及实验室和工业试验。一种观点认为钙以元素的形式对氧化物进行改性，另一种观点认为钙借由 CaO、CaS 作为中间产物对氧化物进行改性，还有人认为实际生产中两种改性机制都可能存在，具体情况取决于钢中［Ca］、［O］、［S］三者之间的相对活度。对于铝镇静钢，钙处理前夹杂物主要为 Al_2O_3 及少量的 MgO。通常在热力学计算中为简化计算，假定夹杂物为纯 Al_2O_3，钙加入后与 Al_2O_3 反应产生不同种类钙铝酸盐。图 6-5 所示为 CaO-Al_2O_3 二元相图，在生成的多种钙铝酸盐中只有 $3CaO \cdot Al_2O_3$ 和 $12CaO \cdot 7Al_2O_3$

熔点低于一般的钢水浇注温度 1550℃，改性后的钙铝酸盐落入该类夹杂物范围内可将夹杂物改性为低熔点夹杂物。由此可知，加钙量过多或过少都无法实现对夹杂物的良好改性，对于钙加入量的控制需要借助热力学进行计算。

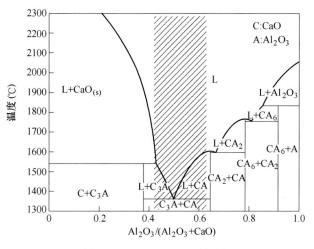

图 6-5 CaO-Al$_2$O$_3$ 二元相图

FactSage 是基于吉布斯自由能最小原理的一款热力学软件，现在已经被广泛应用于热力学计算。管线钢中的铝含量、T. O 和 T. S 含量对夹杂物改性所需喂钙量的影响最大。根据管线钢生产实际的平均成分（表6-1），采用 FactSage 计算了1600℃下 210t 管线钢钢液钙处理过程夹杂物的转变，结果如图6-6所示。可见，随着钢中钙含量增加，钢中夹杂物的转变路径为 Al$_2$O$_3$→CaO·6Al$_2$O$_3$→CaO·2Al$_2$O$_3$→液态夹杂物→CaS+CaO。图中的"液态窗口"区域即为全液态夹杂物对应的加钙范围。其中，实现无固态钙铝酸盐所需的最小钙量为最小加钙量（Ca$_{min}$），无 CaS 产生的最大钙量是最大加钙量（Ca$_{max}$）。为了将钢中的夹杂物改性成为液态夹杂物，钢中钙的最小值为 8ppm，钢中钙的最大值为 26ppm，即图中阴影区域对应的液态窗口区域。

表 6-1 钙处理计算的成分条件范围

元素	C (%)	Si (%)	Mn (%)	P (%)	Cr (%)	Ni (%)	Ti (%)	T. Al (%)	T. O (ppm)	T. S (ppm)
平均值								0.034	15	14
最大值	0.06	0.23	1.6	0.01	0.04	0.1	0.02	0.04	35	25
最小值								0.02	5	5

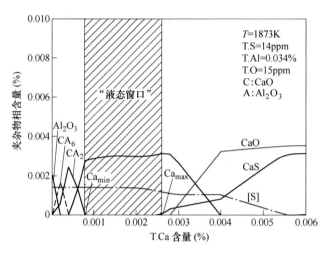

图 6-6　管线钢钙处理过程夹杂物相转变的典型计算结果

6.2.2　钢液成分对喂钙量的影响

为了研究钢中［Mg］对夹杂物改性所需喂钙量的影响，在 $T=1823\mathrm{K}$，T. Al = 300ppm，T. S = 12ppm，T. O = 15ppm 的条件下，计算了不同 T. Mg 含量时，夹杂物液相比率随钢中 T. Ca 含量增加的变化情况。如图 6-7 所示，在钢中有极少 T. Mg 时，开始产生液相点，50% 液相开始点、100% 液相开始点、100% 液相结束点、50% 液相结束点均提前。随着钢中 T. Mg 含量的升高，100% 的液态窗口（从 100% 液相开始点到 100% 液相结束点）及 50% 液态窗口（从 50% 液相开始点到 50% 液相结束点）都在变窄；T. Mg 含量超出一定含量时，两个液态窗口都会消

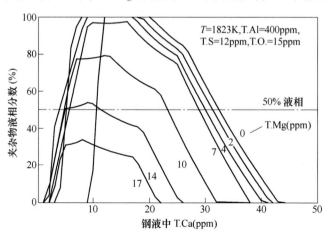

图 6-7　钢液中镁含量对夹杂物改性的影响

失。从图 6-8 中可以看到，钢中 T. Mg 含量在 4ppm 时，达到 50% 液相所需喂钙量最小；钢中 T. Mg 含量在 2ppm 时，达到 100% 液相所需喂钙量最小。T. Mg ≥ 6ppm 时，100% 液态窗口消失；T. Mg ≥ 16ppm 时，50% 的液态窗口消失。

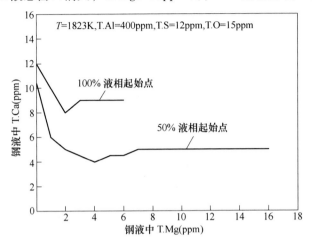

图 6-8　钢液中不同镁含量对应夹杂物改性至 100% 液相和 50% 液相时所需喂钙量

图 6-9 所示为温度 1823K，钢中 T. S 含量 20ppm、T. Mg 含量 5ppm 时，不同全氧含量下，50% 液相开始点、100% 液相开始点和 100% 液相结束点所需喂钙量的变化。钢中 T. S 一定时，随着 T. O 含量的升高，三个边界点所需喂钙量都在增加，并且窗口的宽度都在增加。因此可以看出降低钢中全氧含量对于降低改性夹杂物喂钙量非常关键。

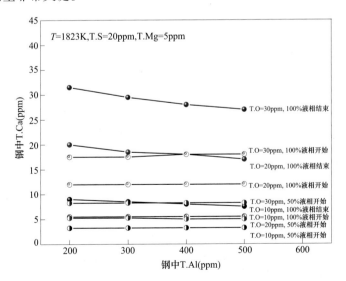

图 6-9　钢中 T. O 对喂钙量的影响

　　图6-10所示为管线钢中T.S含量对夹杂物改性的影响,计算的条件是温度1823K,全氧为20ppm,镁含量为5ppm。在T.S≤30ppm时,夹杂物50%液相开始点与100%液相开始点不受钢中硫含量的影响,而T.O一定时,夹杂物100%液相结束点所需喂钙量随硫含量的升高而减少。

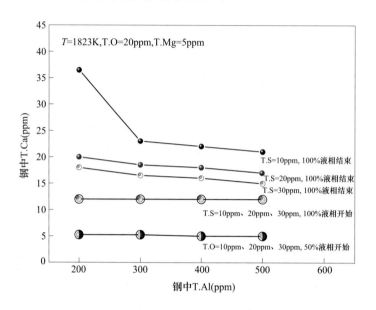

图6-10　管线钢中硫对喂钙量的影响

6.3　管线钢精准钙处理模型的应用

　　计算的管线钢成分条件见表6-1。图6-11～图6-14所示为不同初始成分下液态窗口的全钙含量的最小值和最大值。图(a)代表窗口最小喂钙量,图(b)代表窗口最大喂钙量,在最大值和最小值之间的喂钙量可以实现管线钢夹杂物的完全液态化。图6-11为T.Al=0.02%管线钢钙处理液态窗口的全钙含量的最小值和最大值,随着钢中的T.S含量从5ppm增加到25ppm,钢中的最佳喂钙量略有变化;但是随着钢中T.O含量的增加,管线钢的最佳喂钙量明显增加。从图6-11～图6-14可以看出,随着钢中的T.Al含量由0.02%上升至0.04%,最小喂钙量明显增加,最大喂钙量有所降低,液态窗口的成分区间变窄。由此可见,当前条件下,对管线钢中夹杂物改性的最佳喂钙量影响最大的因素是钢中的T.O含量,随着钢中T.O含量的增加,管线钢的最佳喂钙量的最大值和最小值都明显增加。现有的喂钙模型适用于平衡态下,根据不同钢液成分和不同夹杂物控制目标,确定管线钢钙处理对应的最优喂钙量,并指导现场生产管线钢钙处理过程中钙的精准加入量及夹杂物改性的精准控制。

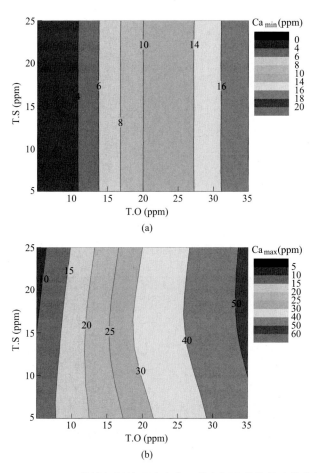

图 6-11 T. Al = 0.02%管线钢钙处理液态窗口的全钙含量的最小值和最大值

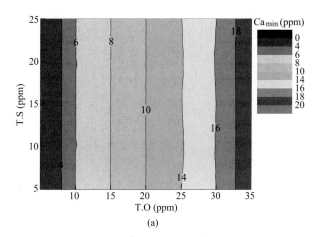

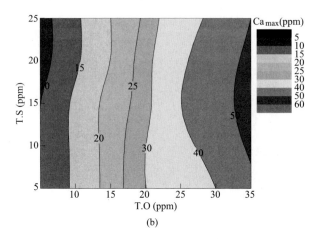

(b)

图 6-12　T. Al＝0.03%管线钢钙处理液态窗口的全钙含量的最小值和最大值

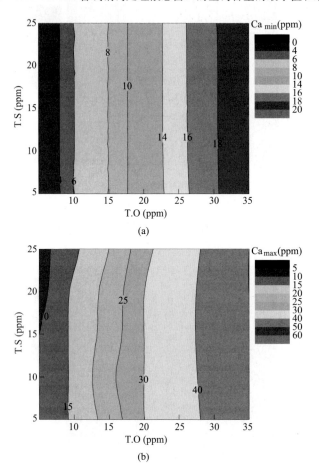

(a)

(b)

图 6-13　T. Al＝0.035%管线钢钙处理液态窗口的全钙含量的最小值和最大值

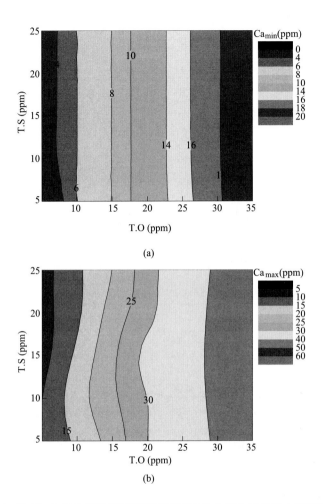

图 6-14 T. Al=0.04%管线钢钙处理液态窗口的全钙含量的最小值和最大值

将开发的模型应用于国内某厂，生产 X80 管线钢的工艺为：BOF→LF→RH→钙处理→中间包→连铸，使用硅钙线进行钙处理，硅钙线直径为 0.01m，钙线密度约为 2057kg/m³，其中钙含量为 30%。该厂管线钢要求尽量去除和控制轧板中的大型条串状 B 类夹杂物，强调利用 RH 真空循环尽量去除非金属夹杂物。真空处理后，由于精炼过程硅铁合金中钙的加入和渣钢反应，夹杂物成分主要为 CaO-Al₂O₃。然后，通过喂入钙线实现液态钙铝酸盐向含有少量 CaO-CaS 相的液态夹杂物的转变，从而避免大型条串状 B 类夹杂物的生成。因此，该厂喂钙线的加钙量目标选取为液态窗口中加钙量的最大值。具体钢液中夹杂物的控制目标如图 6-15 和图 6-16 所示。因此，本节应用精准钙处理模型，对实际生产过程喂钙线量予以指导。

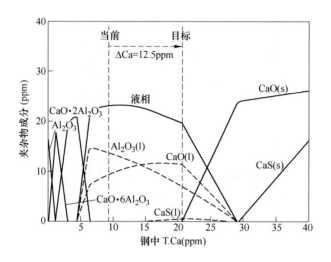

图 6-15　基于第 1 炉钢液成分钙处理过程的计算结果

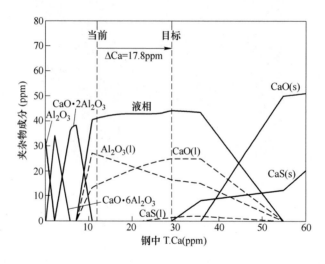

图 6-16　基于第 2 炉钢液成分钙处理过程的计算结果

先对连续生产的两炉次进行喂钙线量预测，并分别在钙处理前 5min 和钙处理后软吹 5min 取提桶样。表 6-2 为管线钢生产过程中两炉次喂钙线前的钢液成分，采用 FactSage 计算实现目标夹杂物所需的钙含量，计算结果如图 6-15 和图 6-16 所示。两炉实验喂钙线前，钢中 T. Ca 含量分别为 8. 2ppm 和 11. 3ppm，此时钢中非金属夹杂物为液态的钙铝酸盐，与实验结果一致。为了实现少量 CaO-CaS 相的液态夹杂物的生成，两炉实验喂钙线的 T. Ca 的目标值选取液态窗口的最大值，即分别为 20. 7ppm 和 29. 1ppm。两炉次当前钢液中钙含量和目标钙含量的差值 ΔCa 分别为 12. 5ppm 和 17. 8ppm，即为需要喂入的钙量。如果喂入钙线过多，会导致夹杂物中 CaO 和 CaS 的生成。如图 6-15 所示，第 1 炉中随着钙线的过量加入，夹杂物中 CaO 固态夹杂物先于 CaS 固态夹杂物生成；而在第 2 炉中，钙的过量加入会导致 CaS 固态夹杂物比 CaO 固态夹杂物先生成，这主要是因为第 1 炉中 T. S 含量更低。

表 6-2　两炉次喂钙线前钢液成分

元素	C (%)	Si (%)	Mn (%)	P (%)	T. S (ppm)	T. Al (%)	Al$_s$ (%)	T. Ca (ppm)	T. O (ppm)
第 1 炉喂钙前	0.066	0.20	1.68	0.0094	9	0.0432	0.0430	8.2	12.5
第 2 炉喂钙前	0.065	0.21	1.63	0.0100	16	0.0418	0.0397	11.3	22.2

根据现场硅钙线的参数以及现场收得率计算实际所需的硅钙线长度 L_{CaSi}，计算公式如（6-1）所示，计算结果见表 6-3。第 1 炉和第 2 炉预测的喂入硅钙线量分别为 361m 和 514m。

$$L_{CaSi} = \frac{m_{steel} \Delta Ca}{\rho_{CaSi} \left(\dfrac{\pi D_{CaSi}^2}{4} \right) w_{Ca} \eta} \qquad (6\text{-}1)$$

式中　ρ_{CaSi}——硅钙线的密度，kg/m³；

$\quad D_{CaSi}$——硅钙线的直径，m；

$\quad w_{Ca}$——硅钙线的钙含量；

$\quad \eta$——硅钙线的收得率；

$\quad m_{steel}$——钢水质量，kg；

$\quad \Delta Ca$——所需钙质量分数。

表 6-3　基于现场条件的热力学计算结果与实际操作

炉次	钙的收得率 (%)	所需钙质量分数 (ppm)	钙处理后温度 (℃)	预测喂线量 (m)	实际喂线量 (m)
第 1 炉	15	12.5	1588	361.1	300
第 2 炉	15	17.8	1580	514.2	500

图 6-17~图 6-20 所示分别为 X80 管线钢生产过程中两炉次 RH 真空精炼后喂钙线前 5min 和喂钙线后软吹 5min 的夹杂物成分分布。由图可知，经过 RH 真空精炼后，两炉喂钙线前钢中夹杂物均主要位于或接近 1873K 低熔点区。第 1 炉喂入硅钙线 300m，第 2 炉喂入硅钙线 500m，刚刚喂线后由于局部钢液中钙含量较高，可先生成 CaS，两炉次钢中夹杂物均主要位于靠近 CaO 一侧的 50% 液相线和 100% 液相线之间。第 1 炉喂钙线后夹杂物的平均成分是 MgO 0.97%、Al$_2$O$_3$ 33.4%、SiO$_2$ 0.4%、CaO 51.1%、CaS 14.13%，第 2 炉喂钙线后夹杂物的平均成

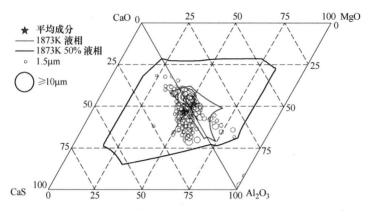

图 6-17　第 1 炉喂钙线前 5min 夹杂物分布（扫描面积 72.82mm^2，
CaO-Al$_2$O$_3$-CaS：225 个，CaO-Al$_2$O$_3$-MgO：114 个）

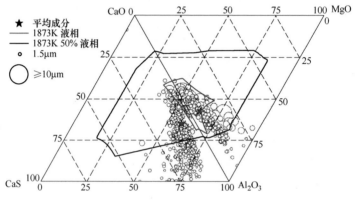

图 6-18　第 2 炉喂钙线前 5min 夹杂物分布（扫描面积 77.84mm^2，
CaO-Al$_2$O$_3$-CaS：848 个，CaO-Al$_2$O$_3$-MgO：310 个）

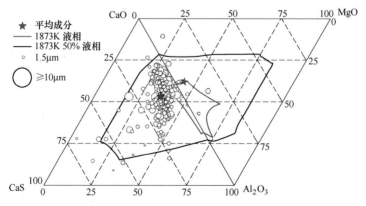

图 6-19　第 1 炉喂钙线后 5min 夹杂物分布（扫描面积 65.74mm^2，
CaO-Al$_2$O$_3$-CaS：233 个，CaO-Al$_2$O$_3$-MgO：7 个）

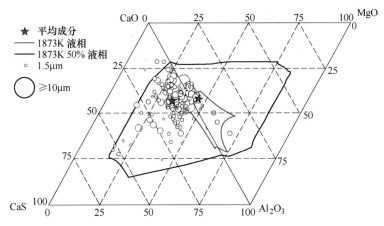

图 6-20 第 2 炉喂钙线后 5min 夹杂物分布（扫描面积 66.75mm²，
CaO-Al₂O₃-CaS：148 个，CaO-Al₂O₃-MgO：23 个）

分是 MgO 1.6%、Al₂O₃ 32.01%、SiO₂ 0.79%、CaO 53.05%、CaS 12.55%。图
6-21 所示为两炉次喂钙线前后夹杂物平均成分变化，两炉次喂硅钙线前夹杂物成
分分布不同，第一炉喂钙线前夹杂物中 CaO 含量较高。通过喂入不同的钙线量，
即第一炉喂入 300m 硅钙线，第二炉喂入 500m 硅钙线，两炉试验成功地实现了
将夹杂物改性为含少量 CaS 的钙铝酸盐夹杂物，既实现了避免管线钢中大尺寸液
态钙铝酸盐夹杂物的生成，同时又保证了浇注时水口的不堵塞。在刚刚喂钙线
后，由于局部钢液中钙含量高导致优先生成了一些 CaS 和 CaO 夹杂物，随着钢包
内成分逐渐混匀，钢液与夹杂物之间的热力学反应发生变化，使得夹杂物中 CaS
含量降低，甚至消失。

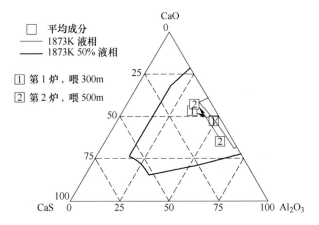

图 6-21 两炉次喂钙线前后夹杂物平均成分变化

　　图 6-22 为两炉次喂钙线前后夹杂物尺寸分布对比。第一炉喂入 300m 钙线，钙处理后各个尺寸范围的夹杂物数密度都略有降低；第二炉喂入 500m 钙线，钙处理后夹杂物数量和尺寸明显降低，这主要是因为钙处理前夹杂物数量过多，钙处理后软吹使得夹杂物迅速上浮去除。

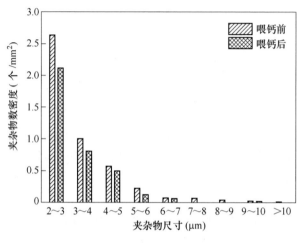

(a) 第 1 炉喂 300m 钙线

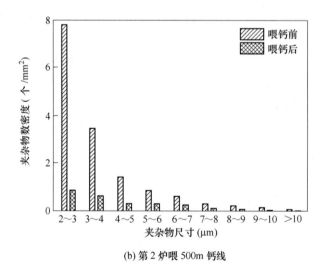

(b) 第 2 炉喂 500m 钙线

图 6-22　两炉次喂钙线前后夹杂物尺寸分布

　　图 6-23、图 6-24 所示分别为喂钙线前后管线钢中典型夹杂物的面扫描结果。由图可知，管线钢喂钙线前，夹杂物主要为球状或近似球状的液态钙铝酸盐夹杂物，其中含有少量的 MgO。此时夹杂物主要是由于硅铁中的钙含量较高，将钢中

脱氧产生的氧化铝夹杂物变性为液态钙铝酸盐。值得注意的是，喂钙线前夹杂物中 CaS 含量很低；喂钙线后，夹杂物中 CaS 的含量明显增加，夹杂物形状开始变得不规则。这是由于喂钙线后，钢中钙含量明显增加，导致夹杂物中 CaO 和 CaS 含量上升。面扫描结果同样说明通过根据不同的钢液成分进行最优喂钙线量的计算，对现场工业试验的喂钙线量进行优化，成功地实现了管线钢夹杂物为含少量 CaS 的钙铝酸盐的控制目标。同时，在现场生产过程中，应注意检测硅铁合金中的含钙量，可以用钙含量高的硅铁对管线钢夹杂物进行钙处理改性。

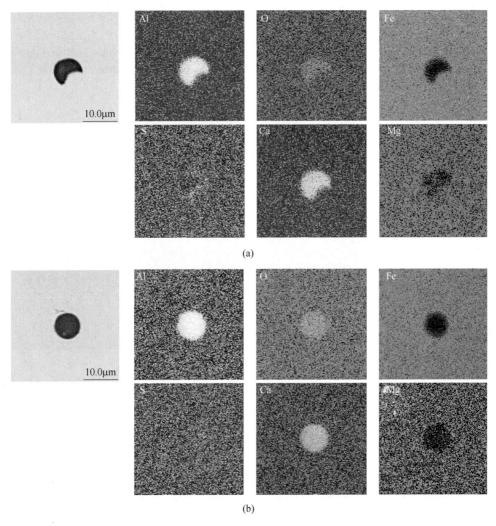

图 6-23　喂硅钙线前典型夹杂物的元素分布

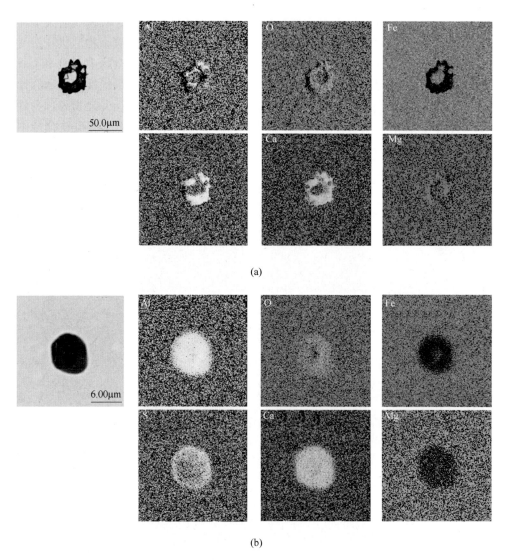

图 6-24　喂硅钙线后典型夹杂物的元素分布

6.4　精准钙处理的在线预测与指导软件

钙处理过程的难点是精确控制，无论过量还是不足量都会造成危害；只有对加入钙的含量进行准确控制，才能够达到预期的效果。目前，国内各钢厂仍然是根据经验来指导钙处理，没有明确的量化指标，这样做有明显的弊端，一方面是人为的经验操作误差导致效果不理想，另一方面是制定的规则根本不适合特定钢种在当前冶炼条件下的生产。导致生产成本提高，质量效果却不尽人意。如果其他的操作条件也不理想，很容易会使钙处理的效果不稳定。不仅难以提高效率，改善质量，而且会起到相反的效果。

对此，结合对钙处理的实验结果和相关热力学的计算数据，对钙处理过程进行数据库搭建。根据不同的钢种、不同的操作条件来订制生成数据库。再通过 Matlab 软件制作可视化界面，调用数据库中的数据，封装成软件客户端形式提供给用户。与传统方法相比，该软件根据实际的钢液成分建立数据库，考虑厂里操作参数的不同，实时返回计算结果，可节约成本、提高效率，给出精确的指导性建议，用科学理论来指导生产。下面进行详细的介绍。

6.4.1 软件简介

该软件所有权归属于北京科技大学高品质钢研究中心，这是一款根据理论计算结果来为实际生产提供实时参考的软件，可根据实际操作条件，将封装好的数据库中的数据调出返回给用户，并进行结果处理。使用该软件可有效指导生产、降低成本、提高效率，给出量化性建议，有针对性地进行调整，不会产生因人为经验操作而导致的错误或误差。

该软件适用于炼钢过程中特定钢种的钙处理过程中夹杂物成分的预测，其提供的结果为热力学软件计算的夹杂物成分，当前钙线喂入量的需求（以夹杂物控制为 100% 液相夹杂物为准），可作为实际生产操作的参考。该软件具有以下特点：

（1）软件界面简洁、操作简单，用户可以迅速上手；

（2）在线即时返回计算结果，方便随时进行调整；

（3）根据厂里的实际情况，包括生产钢种、钙合金收得率、钙线纯度等，进行预测和提供建议，有效提高了结果的准确性；

（4）支持数据存储和记录，方便用户对操作记录回顾，以及对生产全流程的计算结果进行评估。

该软件是基于 MATLAB R2012a 开发，其运行环境为 MATLAB R2012a，即需安装 MATLAB R2012a. exe 或安装该版本库函数包 MCRInstaller. exe。运行该软件前需进行用户名和密码的验证（图 6-25）。

6.4.2 操作指南

软件主要由钢液成分输入、计算结果、操作参数和功能选择四部分组成。该软件是针对特定的钢种预先用 FactSage 7.0 热力学软件进行计算，得到初步的数据库；再使用 Matlab 软件对数据库进行扩展。将现场生产中测得的钢液成分以及相关参数，输入到软件的界面上，计算得到当前条件下夹杂物成分和喂钙线长度的指导结果，如图 6-26 所示。该软件由参数输入、结果输出和其他功能等几个模块构成，下面进行详细介绍。

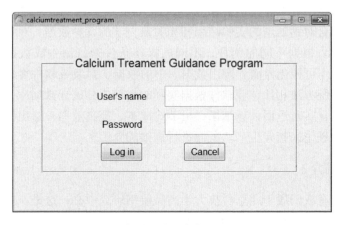

图 6-25　钙处理指导软件的登录界面

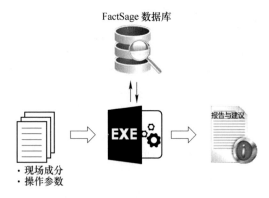

图 6-26　软件工作原理示意图

6.4.2.1　参数输入模块

A　数据输入（Input data）

该模块中显示了钢种的成分，其中包括多个不可输入量和 4 个可输入量，不可输入量是特定钢种的要求内控成分，单位是%，可输入量是 T.S、T.O、T.Ca 和 Al_s 四个对钙处理效果影响较大的元素的质量分数，单位是 ppm（图 6-27）。在使用该软件时，必须对可输入量进行输入，方能运行。

现场实际生产中，能够即时得到 T.S，T.Ca 和 Al_s 的含量，但是对 T.O 含量不能够即时得到，只能得到［O］含量。对此，如不能得知 T.O 含量，可以选中下方的估测总氧含量的选项（Estimation for T.O），输入［Al］和［O］，即可通过软件的内嵌公式来预测当前 T.O 的含量。该功能只针对特定钢厂的条件，不能推广到所有情况。如有需求，应按照实际钢厂情况，重新定义内嵌方程。

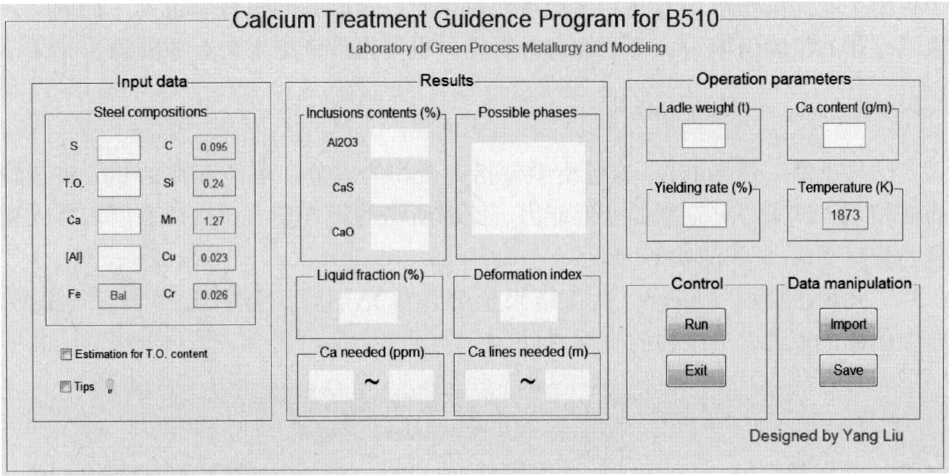

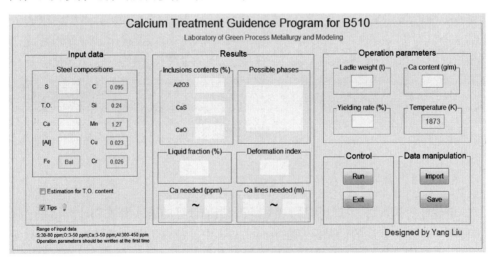

图 6-27 软件初始工作界面

关于使用简介，可以点击该模块下方的 Tips 选项，则会提示用户输入量的范围，以及软件运行的所需参数（图 6-28）。

图 6-28 软件 tips 功能展示

B 操作参数设定（Operation parameters）

该模块包括了加入钙合金的基本参数，其中有钢包重量、每米钙线中钙的含量、钙的收得率以及钢水温度。其中钢水温度根据实际生产情况，为不可改变量，默认为1873K。另外三个参量必须进行输入，如不能准确提供，应在打开软件的第一次计算时，将该模块中的三个选项都填写为1，以免影响计算结果。鉴于各个企业的操作水平不同, 生产条件有差异, 因此钙的收得率也不一而同。该值以企业的经验值填写, 将更加有针对性, 也使得计算结果会更加准确。

6.4.2.2　结果输出模块

结果反馈 (Results): 该模块中包括夹杂物的成分、可能存在的相、夹杂物的液相率、该成分夹杂物的变形能力、此时所需的钙含量 (ppm) 和所需喂入钙线的长度 (m), 如图 6-29 所示。

三元相图显示 (Figure): 在结果全部计算完毕后, 会生成一个三元相图, 在上面标记着三元夹杂物的平均成分。

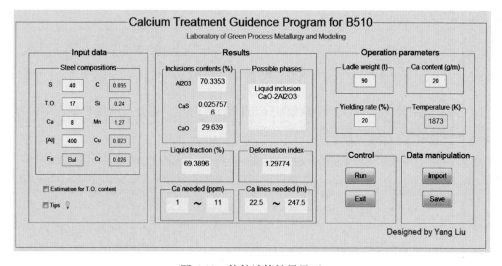

图 6-29　软件计算结果界面

6.4.2.3　其他功能模块

该软件在执行每一次计算后, 都会记录当前计算的输入参数和计算结果, 以方便用户查找。默认的记录保存在 record. xlsx 中。建议不要删除该文件, 可以每完成一个阶段, 将对应的数据复制出来进行备份。

存储数据 (Save): 为了方便用户有针对性地选取数据, 在每次运行结束后, 用户可以手动选择存储本次计算的全部数据, 所有的手动存储数据都保存在 save. xlsx 中。

数据批量导入 (Import): 导入功能可以方便用户处理计算结果, 点击 Import, 选择 record. xlsx 或 save. xlsx 文件, 就能够将文件中所有的夹杂物成分数据在三元相图中体现。

软件控制 (Control): 该模块中 Run 为开始计算, 计算过程中请勿关闭附属黑色显示窗口；计算结束后，可以直接修改 Input data 的输入量进行下一次计算（不必再重新设置操作参数），或点击 Exit 退出程序。

6.4.3　应用实例

该软件综合了之前的钙处理热力学的研究成果，以封装的客户端形式服务用户。首先在 FactSage 7.0 热力学计算软件中采用 Macro processsing 命令生成所需的数据库，再通过 Matlab 软件制作可视化界面，并且可以让用户根据实际生产条件来输入金属钙的收得率等操作参数，更准确地给出将夹杂物成分控制在目标区域所需钙线的长度。此外，由于现场能够得到钢液成分，因此，在不影响现场生产节奏的前提下，能实时给出当前钢液中夹杂物的成分，并根据操作参数给出钙线加入的量化建议。下面以国内某厂采用钙处理工艺生产的 B510 齿轮钢为例来介绍该软件。

为了便于说明，本节选取了几个典型的情况进行介绍。

当钢液中的 T.S 含量为 50ppm，T.O 含量为 25ppm，T.Ca 含量为 35ppm，Al_s 含量为 300ppm 时，输入上述成分到程序中。假定现场的钢包重量为 90t，每米钙线中含有钙 20g，钙的收得率为 20%，冶炼温度为 1873K。图 6-30 给出的是软件界面的计算结果。在该成分条件下，夹杂物中主要为 CaS 和钙铝酸盐相，其平均成分为 35.3% 的 Al_2O_3，18.2% 的 CaS 和 46.5% 的 CaO。其中液态夹杂物的比例为 83.81%，该成分下夹杂物的变形率（夹杂物的长轴尺寸比短轴尺寸）为 1.463。此时，钢液中钙含量过量，距离理论的控制区域多出 7~21ppm 的 Ca。图 6-31 给出的是夹杂物在 Al_2O_3-CaS-CaO 三元相图中的成分。夹杂物的成分靠近液相区，但并未完全进入。

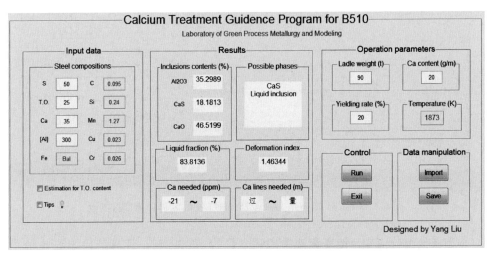

图 6-30　T.Ca=35ppm，T.O=25ppm 工况时软件计算结果界面

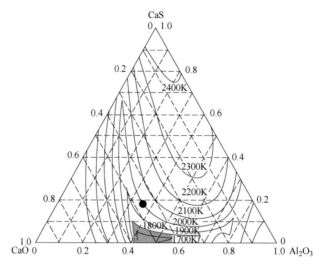

图 6-31　软件计算在三元相图中显示夹杂物成分

当其他组分不变，改变钢液中的钙含量为 25ppm 时，计算结果如图 6-32 所示。在该成分条件下，夹杂物中主要为液态的钙铝酸盐相，其平均成分为 49.1% 的 Al_2O_3、1.3% 的 CaS 和 49.6% 的 CaO。其中液态夹杂物的比例为 100%，该成分下夹杂物的变形率（夹杂物的长轴尺寸比短轴尺寸）为 1.18。此时，钢液中钙含量可以使夹杂物控制在理想的低熔点液相区。图 6-33 给出的是夹杂物在 Al_2O_3-CaS-CaO 三元相图中的成分，夹杂物的成分完全进入液相区。

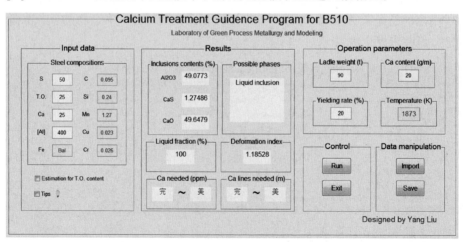

图 6-32　T. Ca＝25ppm，T. O＝25ppm 工况时软件计算结果界面

当其他组分不变，改变钢液中的钙含量为 10ppm 时，计算结果如图 6-34 所示。在该成分条件下，夹杂物中主要为液态的钙铝酸盐相和 CaO-2Al_2O_3，其平均

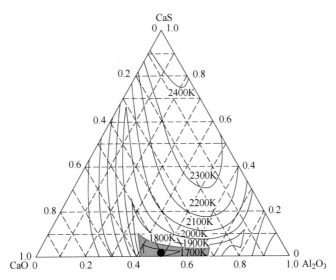

图 6-33 软件计算在三元相图中显示夹杂物成分

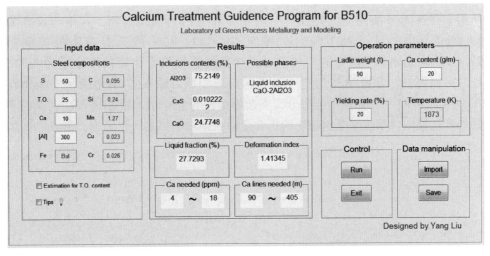

图 6-34 T. Ca = 10ppm, T. O = 25ppm 工况时软件计算结果界面

成分为 75.2%的 Al_2O_3、0.01%的 CaS 和 24.8%的 CaO。其中液态夹杂物的比例为 27.7%，该成分下夹杂物的变形率（夹杂物的长轴尺寸比短轴尺寸）为 1.41。此时，钢液中钙含量使夹杂物偏离低熔点区，靠近 Al_2O_3。如果希望将夹杂物控制在液相区，需要 4~18ppm 的钙，根据当前的操作参数，折合为钙线的加入量，还需要喂入 90~405m 钙线。图 6-35 给出的是夹杂物在 Al_2O_3-CaS-CaO 三元相图中的成分，夹杂物的成分没有进入液相区。

当其他组分不变，改变钢液中的总氧含量为 10ppm 时，计算结果如图 6-36

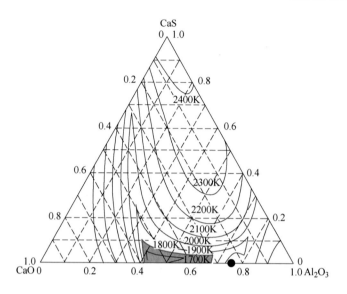

图 6-35　软件计算在三元相图中显示夹杂物成分

所示。在该成分条件下，夹杂物中主要为液态的钙铝酸盐相，其平均成分为 50.9%的 Al_2O_3、0.3%的 CaS 和 48.5%的 CaO。其中液态夹杂物的比例为 27.7%，该成分下夹杂物的变形率（夹杂物的长轴尺寸比短轴尺寸）为 1.31。此时，钢液中钙含量使夹杂物进入低熔点液相区。图 6-37 给出的是夹杂物在 Al_2O_3-CaS-CaO 三元相图中的成分，夹杂物的成分完全进入液相区。这也说明了钙处理过程中，不仅仅是钢液中的钙含量对夹杂物的控制产生影响，钢液中氧含

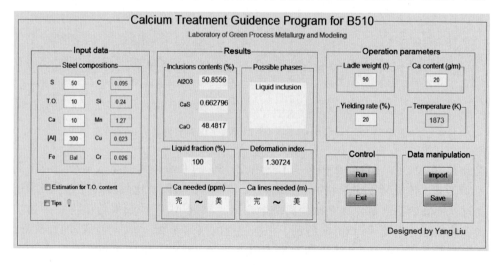

图 6-36　T. Ca=10ppm，T. O=10ppm 工况时软件计算结果界面

量的影响同样显著，这也是需避免钢液二次氧化的原因，氧化的不仅是钢液中的钙，还会对夹杂物的成分产生巨大的影响。

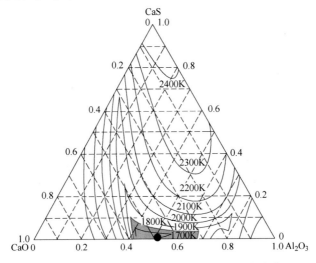

图 6-37 软件计算在三元相图中显示夹杂物成分

　　该软件支持数据的记录和选择性存储。对于每次软件的操作都记录在 record.xlsx 文件中，而对于某些重点关注的工序，可以点击 save 按钮来储存数据。在生产结束后，可以使用 import 按钮来选择导入的数据，查看本浇次各个工序夹杂物的计算结果，或者对比不同浇次相同工序夹杂物的成分变化。图 6-38 所示为将上述三个不同钙含量的工况计算结果作在同一张图中，便于统一查看，找到问题所在。

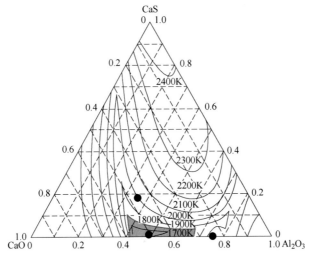

图 6-38 在三元相图中显示记录中的夹杂物成分

　　钙处理改性夹杂物是一个诸多因素参与的过程。钢种成分、钢液中的钙、总氧、硫和酸溶铝等含量都会对夹杂物成分产生影响。此处说明了钙和总氧对钙处理控制的影响，硫和酸溶铝也会相应影响夹杂物的成分，在此就不一一举例。

　　将本软件的计算结果与某钢厂现场取样得到的夹杂物成分进行对比，如图6-39所示。以精炼过程钙处理后，软吹5min和20min所取的样品为例，这是两种比较典型的情况。图6-39（a）是软吹5min样品用ASPEX扫描的夹杂物信息，图6-39（b）是根据样品中元素检测结果计算的结果，二者的平均成分相差不大。图6-40（a）所示是软吹20min样品用ASPEX扫描的夹杂物信息，图6-40（b）所示是软件计算结果，二者平均成分有偏差，但是将计算结果的平均成分投影到检测结果的图中，以计算结果的位置为圆心做圆，能够覆盖到检测结果的80%的夹杂物。这可能是由于检测的夹杂物数量较多，部分夹杂物会有偏差，导致平均成分有变化。另一方面，不同尺寸的夹杂物成分也有所不同，因此检测的夹杂物大小对平均成分也有影响。软件给出的结果是以达到热力学平衡为前提，由于实际生产中常常难以达到热力学完全平衡，因此，计算结果与检测的夹杂物平均成分会有偏差，从目前的检测结果来看，其平均成分的最大偏差约为15%。但是，计算结果能够表征夹杂物频数较高的区域，预测夹杂物的成分，为实际生产提供参考。

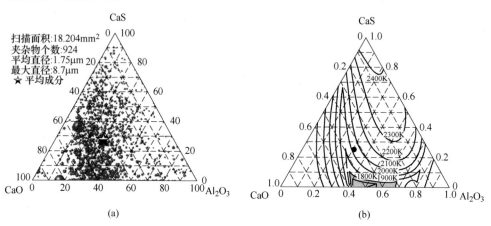

图6-39　LF软吹5min后夹杂物检测结果（a）及计算结果（b）

　　精确地控制钙加入量，能够将钢中的夹杂物控制在理想的区域范围，实现良好的钙处理效果。但是，由于在实际生产中，缺乏直观的反馈结果，导致钙处理操作并没有形成明确的操作规范，多数是凭经验来进行，这样极易使钢水的质量不稳定，而且无法及时调整，不仅影响成品质量，还会提高生产成本，这也是一直以来钙处理生产的难点所在。对此，该软件根据热力学计算结果，实现与现场实际的操作参数和钢种成分相关联，根据取样测得的钢液成分，来预测当前钢中

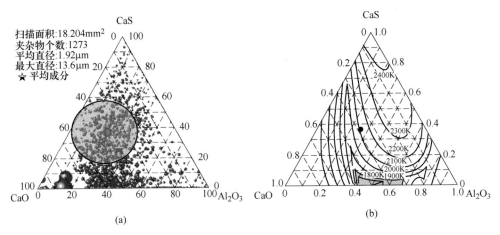

图 6-40 LF 软吹 20min 后夹杂物检测结果（a）及计算结果（b）

夹杂物的成分，并对所需的钙含量进行量化建议，实现精确钙处理。本软件目的是能够即时地反馈夹杂物信息，提供操作建议，给企业操作以理论性参考，并且记录操作的数据，便于整体回顾和评估。将该软件应用于钙处理工艺过程的生产，能够减小人为操作的误差，从理论的角度来给出最佳的解决方案。

6.5 小结

（1）在钢中钙含量过量的情况下，钢中会生成大尺寸 CaO-CaS 类夹杂物。因此，需要建立精准钙处理模型来对生产喂钙线操作进行指导。

（2）建立了控制管线钢夹杂物变性的精准喂钙模型。通过热力学计算模型，根据现场钢水成分、钙线参数等，可以对钢水喂入钙量进行计算。

（3）根据模型的计算结果，随着钢中的 T.S 含量从 5ppm 增加到 25ppm，钢中的最佳喂钙量略有变化；但是随着钢中 T.O 含量的增加，管线钢的最佳喂钙线含量明显增加。在相同 T.O 含量和 T.S 含量的情况下，随着管线钢中铝含量的增加，液态窗口下全钙含量的最小值会增大，最大值会减小，即液态窗口变窄。

（4）根据管线钢生产的现场情况，对现场最佳的喂钙线量进行了计算。对现场喂钙线，成功地实现了夹杂物的改性，证明了精准钙处理计算模型的合理性。

7 硅铁合金纯净度对管线钢中夹杂物的影响

在管线钢生产过程中会添加大量的合金,合金的纯净度会对钢液成分甚至钢中夹杂物产生重要影响。一般来说这种影响是有害的, 但有时候也可以通过合理控制来使这种影响变为有益, 并加以利用。譬如硅铁合金中含有一定量的钙,通过研究可以在工业生产中实现用硅铁代替钙线, 降低生产成本。

通过对比 LF 精炼过程加硅铁和未加硅铁两个不同炉次的钢液中夹杂物的演变过程, 研究了管线钢冶炼过程硅铁对夹杂物的影响。两个炉次除了是否在 LF 精炼过程加入硅铁外, 其他工艺操作大体相同。

7.1 硅铁合金中的杂质元素分析

硅是一些管线钢中常用的合金元素。通常在 LF 精炼过程以含硅 75% 的硅铁形式加入进行合金化, 但是硅铁合金中的杂质元素一直没有得到广泛的关注。某厂使用的硅铁合金中 T. Ca 含量是 0.67%、T. Al 含量为 1.36%。由于管线钢是铝脱氧钢, 因此含有少量的铝对管线钢中铝含量影响不大, 但是硅铁中钙含量进入钢液后将会对夹杂物成分产生非常大的影响。

本节对含硅 75% 硅铁合金进行了电镜分析。典型硅铁合金的面扫描和局部位置成分如图 7-1 和表 7-1 所示。合金基体主要有两相组成, 图中深色相是高硅相,浅色相是硅铁相。高硅相硅的质量百分含量为 98.9%, 同时, 在高硅相和硅铁相的相界面处, 发现了一些的钙和铝的元素杂质相。

表 7-1　硅铁合金相的元素成分　　　　　　　　　　　(%)

元素	Mg	Al	Ca	Si	Cr	Ni	S	Mn
1	0	0.6	0	98.9	0	0.6	0.1	0
2	0	0.6	0	97.8	0.4	0.3	0	0
3	0	3.6	0.4	0	0.5	2.4	0	0.1
4	0.2	2.1	0	92	0	1	0	1.7
5	0.9	27.2	38.5	30.7	0.7	0	0.2	0

图 7-2 所示为典型硅铁合金中高铝相的面扫描结果, 其具体的局部位置成分见

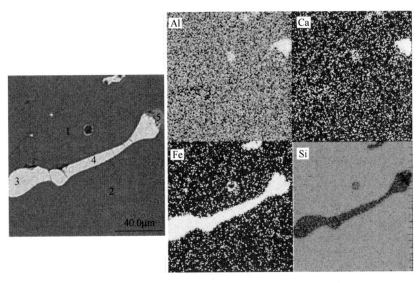

图 7-1 硅铁合金相面扫描结果

表 7-2。由图可知，硅铁合金中存在很高的铝元素相，铝元素可以跟钢中硅铁中的铁元素形成 Al-Fe 相。同时，钙含量很高的位置也存在较高含量的硅元素。

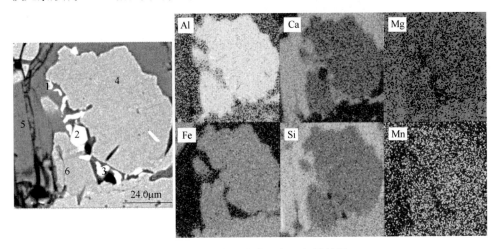

图 7-2 硅铁合金中高铝相面扫描结果

表 7-2 硅铁合金中高铝相的元素成分　　　　　　　　　　　（%）

元素	Mg	Al	Ca	Si	Cr	Ni	S	Mn
1	0.4	11.2	18.8	56.4	0.5	1.3	0	0
2	0	10.9	2.2	73.6	0	0	0.4	0

续表 7-2

元素	Mg	Al	Ca	Si	Cr	Ni	S	Mn
3	2.2	13.7	19.3	47.4	1.0	0	0	0
4	0.7	28	22.2	43.4	0	0	0.5	3.0
5	0	0.9	51.6	45.3	0.5	0	0.2	0
6	0.9	28.1	22.3	43.4	0	0	0	1.5

　　图 7-3 所示为典型硅铁合金中高铝钙相的面扫描结果，其具体的局部位置成分见表 7-3。由图可知，硅铁合金中存在很高的金属铝和钙元素相，大部分金属铝可以金属钙元素形成 Al-Ca 相。这些杂质元素会对管线钢的冶炼产生很大的影响。

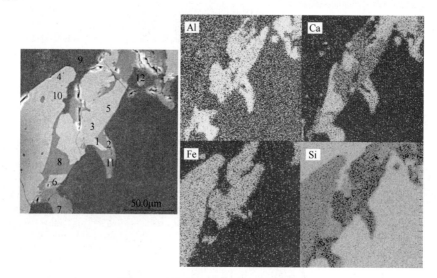

图 7-3　硅铁合金中高铝钙相面扫描结果

表 7-3　硅铁合金中高铝钙相的元素成分　　　　　　（%）

元素	Mg	Al	Ca	Si	Cr	Ni	S	Mn
1	0	11.2	4.7	72.3	0.9	0	0	0
2	1.1	27.5	42.1	24.9	0.7	0	0	0.7
3	0	25.6	18.5	43.7	0	5.2	0	2.8
4	0	2.6	0.4	87.4	0	2.8	0	1.3
5	0	29.8	21.3	42.6	0.9	1.5	0	1.1
6	0	28.0	19.6	43.6	0.9	3.0	0	2.5
7	1.3	28.6	41.8	24.9	0.6	1.5	0	0

元素	Mg	Al	Ca	Si	Cr	Ni	S	Mn
8	0	0.6	53.6	44.7	0	0.4	0	0
9	0	98.7	0.1	0.7	0.2	0	0	0
10	0	3.7	0	89.9	0	0	0	1.0
11	1	31.2	42.2	24.7	0.8	0.9	0	0
12	1.3	26.1	43.5	24.7	0.5	0	0	0

图 7-4 所示为典型硅铁合金中高钒钛相的面扫描结果，其具体的局部位置成分见表 7-4。由图可知，硅铁合金中存在很高的金属铝相，同时，也发现了硅铁中存在金属钛和钒元素，并且钛和钒共同存在形成钒钛相。这些杂质元素可能会导致管线钢在冶炼过程加入硅铁后钢中钒和钛含量的增加。

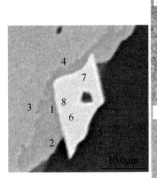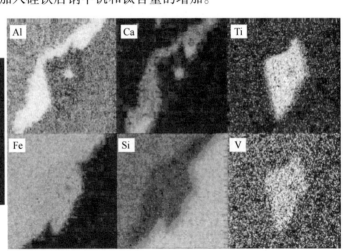

图 7-4　硅铁合金中高钒钛相面扫描结果

表 7-4　硅铁合金中高钒钛相的元素成分　　（%）

元素	Mg	Al	Ca	Si	Cr	Ni	S	Mn	Ti
1	0	28.2	20.7	43.9	0	0	0	1.6	1.0
2	0.6	29.9	19.3	45.2	0	0	0	2.1	1.6
3	0	4.4	0.7	88.0	1.0	0	0	2.9	0
4	0	5.7	0	83.3	0	3	0	2.5	0
5	0	0.6	0	97.9	0	0	0	0	0.1
6	0	0.8	0	36.5	0.5	0	0	0.6	56.9
7	0	1.0	0	35.6	1.8	0	0.4	3.0	57
8	0	1.1	0	35.2	1.3	0	0	1.2	58.3

7.2　工业试验及取样方案

通过对比 LF 精炼过程加硅铁和未加硅铁两个不同炉次的钢液中夹杂物的演变过程，研究管线钢冶炼过程中硅铁对夹杂物的影响，以及在工业生产中实现用硅铁代替钙线，降低生产成本的可能性。

图 7-5 和图 7-6 所示分别为 LF 精炼过程未加硅铁炉次和加入硅铁炉次现场生产和取样记录。精炼时间大约 60~70min，加硅铁炉次 LF 精炼过程中加入 244kg 硅铁合金，其他工艺操作大体相同。在 LF 精炼期间取提桶样。对于未加硅铁的炉次，取样时间分别在 LF 进站、造渣后、精炼过程 35min、LF 结束前；对于加硅铁的炉次，取样时间分别在 LF 进站 3min、造渣后、加硅铁后 5min、精炼过程 45min 和 LF 结束前。

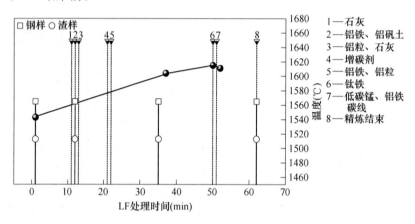

图 7-5　LF 精炼过程生产和取样记录（未加硅铁）

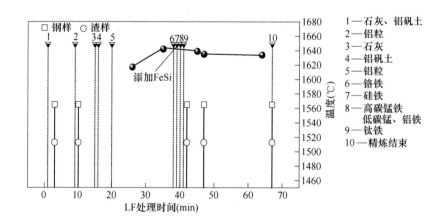

图 7-6　LF 精炼过程生产和取样记录（加硅铁）

7.3 钢液成分及精炼渣成分分析

表7-5为两种试验条件下LF精炼过程钢水成分的变化。可以看出，两炉试验炉次钢中碳含量和硅含量有所差异，加硅铁炉次明显高于未加硅铁炉次，锰含量均在1.60%~1.80%之间，磷含量在0.0075%~0.0096%之间，硫含量随精炼过程明显呈下降趋势。图7-7（a）和（b）所示分别为钢中T.Ca和T.Al含量的变化。对于未加硅铁炉次，钢中T.Ca在造渣后升高，之后逐渐降低，LF出站时约为3ppm。而对于加硅铁炉次，加入硅铁后导致钢中T.Ca继续增加，出站时为13ppm，说明硅铁的加入对钢液成分产生了一定的影响。两炉钢中T.Al含量变化趋势类似，在造渣后T.Al含量均明显降低，由于合金的加入又有所升高，LF结束前约为0.04%。

表7-5 LF精炼过程钢液成分

炉次	时机	C（%）	Si（%）	Mn（%）	P（%）	T.S（ppm）	T.Al（%）	Ca（ppm）
未加硅铁	LF进站	0.0157	0.0650	1.6160	0.0077	73	0.0324	2
	造渣后	0.0217	0.0900	1.6150	0.0082	49	0.0773	7
	35min	0.0323	0.1230	1.6170	0.0086	15	0.0300	5
	LF出站	0.0379	0.1210	1.7330	0.0085	14	0.0469	3
加硅铁	LF进站	0.0209	0.0960	1.6700	0.0087	104	0.0629	2
	造渣后	0.0384	0.1090	1.6700	0.0092	39	0.0783	6
	加硅铁后5min	0.0500	0.1760	1.6600	0.0093	9	0.0348	7
	45min	0.0499	0.1770	1.6700	0.0093	9	0.0336	8
	LF出站	0.0558	0.2230	1.7800	0.0096	9	0.0442	13

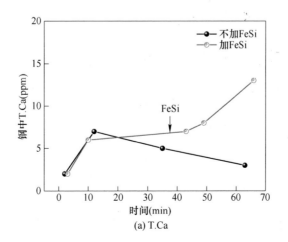

(a) T.Ca

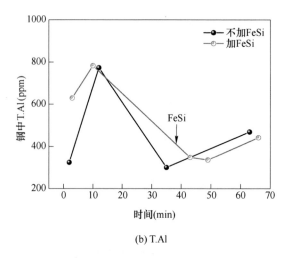

(b) T.Al

图 7-7 LF 精炼过程 T. Ca 和 T. Al 的变化

表 7-6 为两种条件下 LF 精炼不同时刻精炼渣成分的变化，精炼渣的取样时间与钢样一致。精炼渣中 CaO 含量维持在 51%~57% 范围内，Al₂O₃ 含量维持在 26%~34% 之间，SiO₂ 含量在 5.0%~6.5% 之间。T. Fe 和 MnO 的含量是评估渣氧化性的重要指标。在精炼过程中渣中 T. Fe 和 MnO 之和不断降低，LF 出站阶段均控制在 0.8% 以下，说明精炼渣氧化性得到了较好的控制。图 7-8 所示为精炼渣二元碱度 CaO/SiO₂ 和 CaO/Al₂O₃ 的值随冶炼过程的变化。从图中可知，两炉精炼渣的碱度相近，在 8~11 之间，加硅铁炉次 CaO/Al₂O₃ 的值略高于未加硅铁的炉次，在 1.5~2.1 之间。这说明两炉次精炼渣成分条件基本一致。

表 7-6 LF 精炼过程精炼渣成分   （%）

炉次	时机	SiO₂	CaO	MgO	TFe	Al₂O₃	MnO
未加硅铁	LF 进站	6.41	53.35	6.70	0.56	29.04	0.56
	造渣后	6.43	54.07	7.02	0.62	28.89	0.35
	35min	5.20	52.17	7.42	0.47	32.75	0.19
	LF 出站	4.71	51.59	7.28	0.51	33.95	0.17
加硅铁	LF 进站	6.50	54.81	5.53	0.34	28.87	0.41
	造渣后	6.07	56.26	6.39	0.45	27.06	0.17
	加 FeSi 后 5min	5.02	51.82	7.30	0.68	32.57	0.18
	45min	5.54	54.87	10.02	0.47	26.87	0.14
	LF 出站	5.30	53.43	7.00	0.47	30.86	0.21

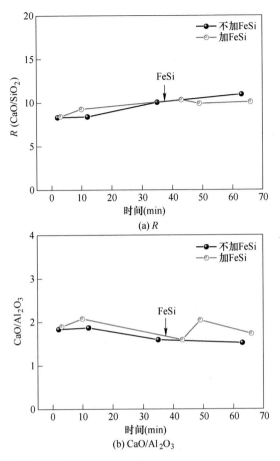

图 7-8　LF 精炼过程渣碱度 R 和 CaO/Al_2O_3 的变化

7.4 夹杂物的成分、数量和尺寸转变

7.4.1 未加硅铁炉次

图 7-9 所示为未加硅铁炉次 LF 精炼过程钢中夹杂物成分的演变。由图可知，LF 进站时钢中夹杂物主要类型是 Al_2O_3，由于钢液中的铝逐渐还原耐火材料和精炼渣中的 MgO，使钢液中镁含量增加，从而导致夹杂物逐渐转变为 MgO-Al_2O_3 类。随着渣钢反应的进行，夹杂物中 CaO 含量逐渐增大，夹杂物逐渐向低熔点区移动。在造渣 23min 后，夹杂物平均成分点位于 50% 液相区边缘，仅有少量的夹杂物进入 100% 液相区内，LF 出站前夹杂物的平均成分并没有明显变化，夹杂物类型主要为 MgO-Al_2O_3-CaO 类和 MgO-Al_2O_3 类，此时夹杂物的平均成分为 MgO 19%、Al_2O_3 57.3%、CaO 9.5%、CaS 5.75%、MnO 8.45%。这说明在 LF 精炼过

程中使用了高碱度、高 Al_2O_3 含量的精炼渣，随时间的延长，夹杂物中 CaO 增大，但并没有在当前的 LF 造渣后 51min 的精炼时间内将大部分夹杂物改性为液态。

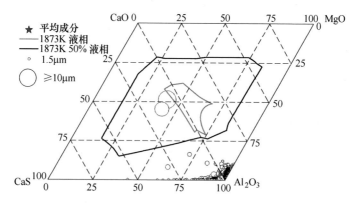

(a) LF 进站 (扫描面积 85.46mm², CaO-Al_2O_3-CaS：510 个，CaO-Al_2O_3-MgO：895 个)

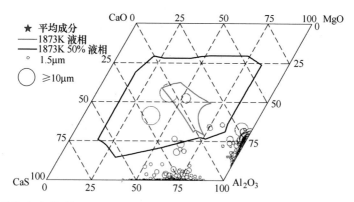

(b) 造渣后 (扫描面积 70.16mm², CaO-Al_2O_3-CaS：422 个，CaO-Al_2O_3-MgO：817 个)

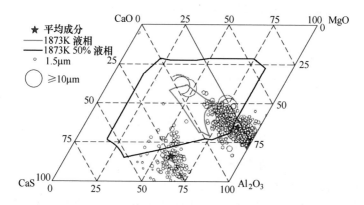

(c) 造渣后 23min(扫描面积 70.56mm², CaO-Al_2O_3-CaS：144 个，CaO-Al_2O_3-MgO：1119 个)

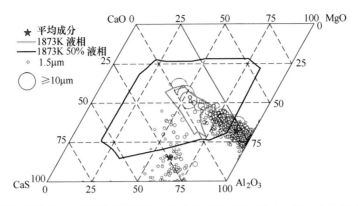

(d) LF 出站，造渣后 51min(扫描面积 70.85mm², CaO-Al₂O₃-CaS：75 个，CaO-Al₂O₃-MgO：1061 个)

图 7-9　未加硅铁炉次 LF 精炼过程中管线钢中夹杂物成分分布

　　图 7-10 所示为未加硅铁炉次 LF 精炼过程钢中夹杂物形貌的演变。由图可知，在整个 LF 精炼过程中，钢中夹杂物基本都为棱角分明的高 Al₂O₃ 夹杂物，随着精炼的进行，夹杂物略有变成近球形的趋势，但是变化量较小。图 7-11 所示为未加硅铁炉次 LF 精炼过程中管线钢中夹杂物面扫描结果。可以看出，随着 LF 精炼的进行，夹杂物中 MgO 含量及 CaO 含量较高的相逐渐增加。但直到 LF 精炼结束，夹杂物仍含有较高含量的 Al₂O₃，这也是夹杂物没有完全变为球形的原因。

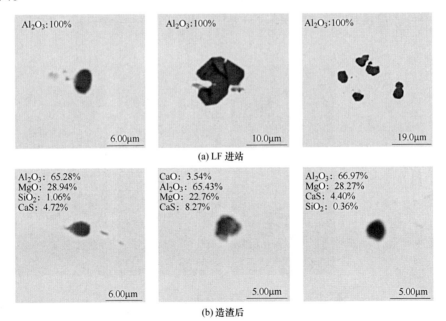

CaO: 18.5%
Al$_2$O$_3$: 55.26%
MgO: 24.57%
SiO$_2$: 1.14%
CaS: 0.52%

5.00μm

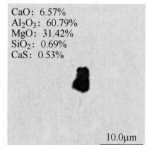

CaO: 6.57%
Al$_2$O$_3$: 60.79%
MgO: 31.42%
SiO$_2$: 0.69%
CaS: 0.53%

10.0μm

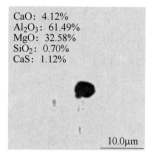

CaO: 4.12%
Al$_2$O$_3$: 61.49%
MgO: 32.58%
SiO$_2$: 0.70%
CaS: 1.12%

10.0μm

(c)造渣后 23min

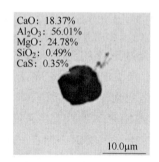

CaO: 18.37%
Al$_2$O$_3$: 56.01%
MgO: 24.78%
SiO$_2$: 0.49%
CaS: 0.35%

10.0μm

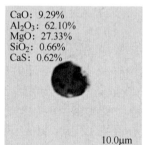

CaO: 9.29%
Al$_2$O$_3$: 62.10%
MgO: 27.33%
SiO$_2$: 0.66%
CaS: 0.62%

10.0μm

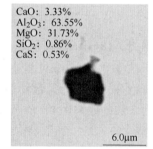

CaO: 3.33%
Al$_2$O$_3$: 63.55%
MgO: 31.73%
SiO$_2$: 0.86%
CaS: 0.53%

6.0μm

(d)LF 出站，造渣后 51min

图 7-10　未加硅铁炉次 LF 精炼过程中管线钢中夹杂物形貌

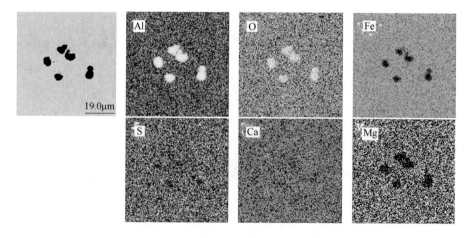

19.0μm

(a)LF 进站

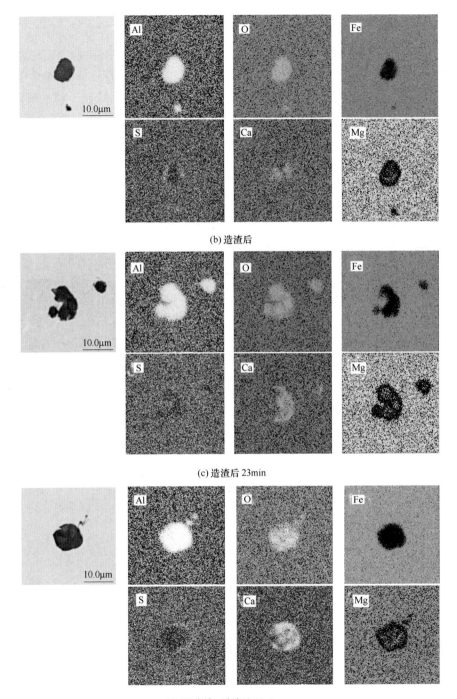

(b) 造渣后

(c) 造渣后 23min

(d) LF 出站，造渣后 51min

图 7-11　未加硅铁炉次 LF 精炼过程中管线钢中夹杂物面扫描结果

7.4.2　加硅铁炉次

图 7-12 所示为加硅铁炉次 LF 精炼过程钢中夹杂物成分的演变。LF 进站时夹杂物为 Al_2O_3，造渣后夹杂物转变为 MgO-Al_2O_3 和含有少量的 CaO 的 MgO-Al_2O_3-CaO 的复合夹杂物，同时试样中存在尺寸较大的低熔点钙铝酸盐。加入硅铁后，夹杂物成分发生明显变化，CaO 含量显著升高，Al_2O_3 含量降低，大部分夹杂物位于 50% 液相区内，夹杂物平均成分在 100% 液相线边缘，随着渣钢反应以及硅铁中的钙对夹杂物的改性作用，夹杂物的平均成分点逐渐向低熔点区移动，LF 出站前夹杂物主要为液相或固液两相。

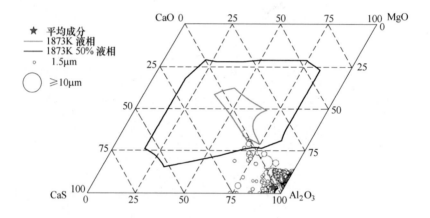

(a) LF 进站 (扫描面积 50.57mm², CaO-Al₂O₃-CaS：202 个，CaO-Al₂O₃-MgO：1455 个)

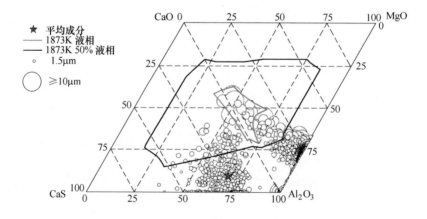

(b) 造渣后 (扫描面积 66.75mm²，CaO-Al₂O₃-CaS：373 个，CaO-Al₂O₃-MgO：994 个)

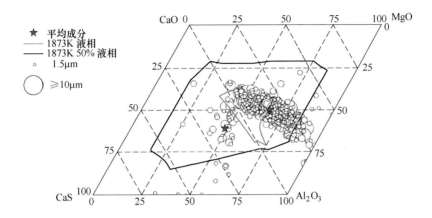

(c) 加硅铁后 5min(扫描面积 39.70mm², CaO-Al₂O₃-CaS：46 个，CaO-Al₂O₃-MgO：804 个)

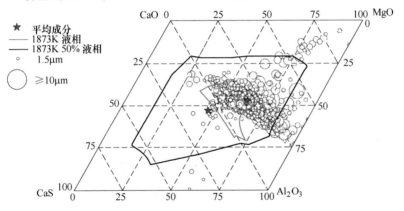

(d) 加硅铁后 10min(扫描面积 72.31mm²，CaO-Al₂O₃-CaS：31 个，CaO-Al₂O₃-MgO:2186 个)

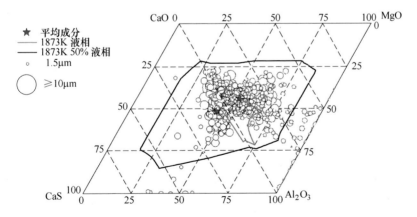

(e) LF 出站，加硅铁后 30min(扫描面积 70.79mm²，CaO-Al₂O₃-CaS：351 个，CaO-Al₂O₃-MgO:714 个)

图 7-12　加硅铁炉次 LF 精炼过程中管线钢中夹杂物的成分分布

　　图 7-13 所示为加硅铁炉次 LF 精炼过程钢中夹杂物形貌的演变。LF 精炼进站时，夹杂物为棱角分明的 Al_2O_3 夹杂物；LF 精炼造渣后，略有变成近球形的趋势。值得注意的是，随着钢中加入硅铁合金，夹杂物基本转变为球形，说明此时夹杂物为液态。一直到 LF 出站，钢中夹杂物基本保持为球形的液态夹杂物。图 7-14 所示为加硅铁炉次 LF 精炼过程中管线钢中夹杂物面扫描结果。可以看到，LF 精炼加入硅铁前，夹杂物中 CaO 含量很低。随着硅铁合金的加入，管线钢中夹杂物中的 CaO 含量明显逐渐由外向内逐渐扩散增加。这说明硅铁合金中较高含量的钙可以将管线钢中的高 Al_2O_3 夹杂物逐渐改性成为低熔点的液态铝酸盐夹杂物。

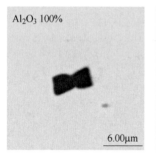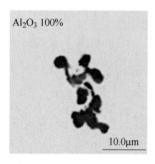

(a) LF 进站

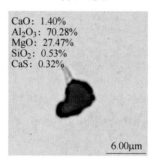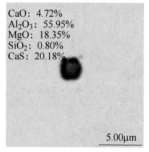

(b) 造渣后

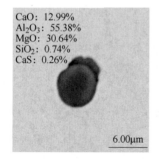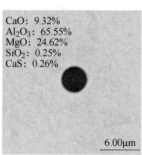

(c) 加硅铁后 5min

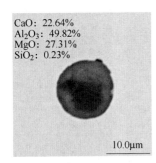
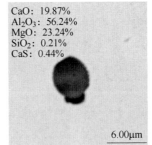
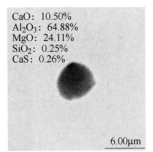

CaO: 22.64%
Al_2O_3: 49.82%
MgO: 27.31%
SiO_2: 0.23%

10.0μm

CaO: 19.87%
Al_2O_3: 56.24%
MgO: 23.24%
SiO_2: 0.21%
CaS: 0.44%

6.00μm

CaO: 10.50%
Al_2O_3: 64.88%
MgO: 24.11%
SiO_2: 0.25%
CaS: 0.26%

6.00μm

(d) 加硅铁后 10min

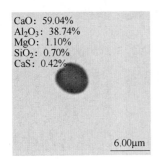
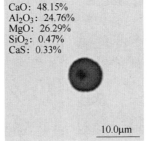
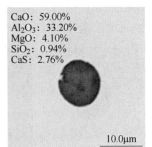

CaO: 59.04%
Al_2O_3: 38.74%
MgO: 1.10%
SiO_2: 0.70%
CaS: 0.42%

6.00μm

CaO: 48.15%
Al_2O_3: 24.76%
MgO: 26.29%
SiO_2: 0.47%
CaS: 0.33%

10.0μm

CaO: 59.00%
Al_2O_3: 33.20%
MgO: 4.10%
SiO_2: 0.94%
CaS: 2.76%

10.0μm

(e) LF 出站，加硅铁后 30min

图 7-13 加硅铁炉次 LF 精炼过程中管线钢中夹杂物形貌

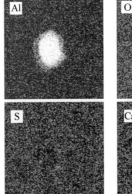
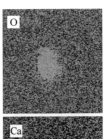
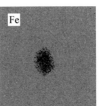
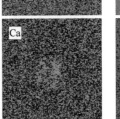
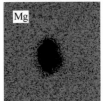

6.00μm

Al

O

Fe

S

Ca

Mg

(a) 造渣后

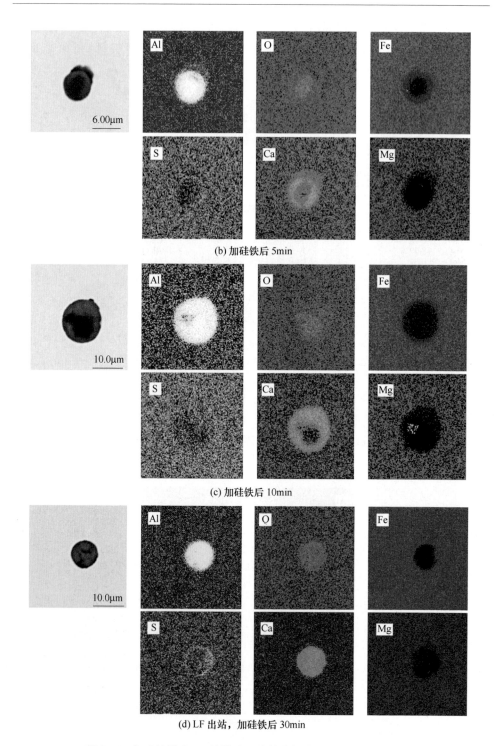

(b) 加硅铁后 5min

(c) 加硅铁后 10min

(d) LF 出站，加硅铁后 30min

图 7-14　加硅铁炉次 LF 精炼过程中管线钢中夹杂物面扫描结果

　　图 7-15 所示为两种条件下夹杂物平均成分点的演变路径。对于未加硅铁的炉次，夹杂物从精炼开始的 Al_2O_3 类转变为 LF 出站时的 MgO-Al_2O_3-CaO 类，其中 CaO 含量在 10% 左右。然而对于加硅铁炉次，夹杂物从 Al_2O_3 类转变为精炼结束时的 CaO-Al_2O_3-MgO，其中 CaO 含量在 40% 以上，MgO 含量在 10% 以下。由此可知，加入的硅铁中的钙元素可以很好地将 Al_2O_3 和镁铝尖晶石夹杂物改性为钙铝酸盐夹杂物，从而实现夹杂物的低熔点化改性。

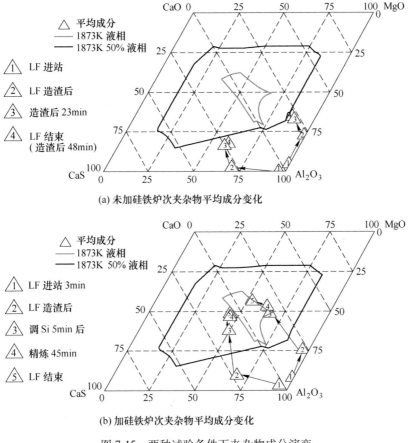

(a) 未加硅铁炉次夹杂物平均成分变化

(b) 加硅铁炉次夹杂物平均成分变化

图 7-15　两种试验条件下夹杂物成分演变

　　图 7-16 所示为 LF 精炼过程夹杂物平均成分变化。LF 进站时，夹杂物主要成分为 Al_2O_3 夹杂物。加入硅铁前，两种条件下夹杂物成分基本一致。但是，随着含钙硅铁合金的加入，加硅铁炉次的夹杂物中 CaO 含量明显增加，夹杂物中 Al_2O_3 和 MgO 含量随之降低。这说明硅铁合金中的钙将夹杂物中的 Al_2O_3 和 MgO 改性为液态钙铝酸盐夹杂物。这也表明含钙硅铁合金的加入同样实现了和喂钙线改性夹杂物相同的目的。

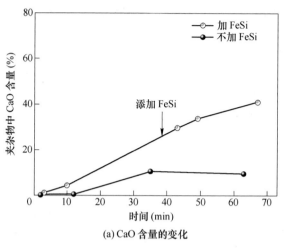

(a) CaO 含量的变化

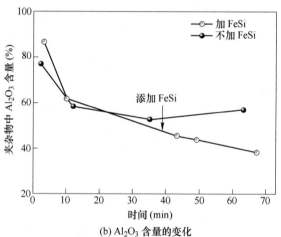

(b) Al₂O₃ 含量的变化

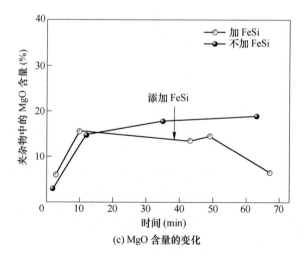

(c) MgO 含量的变化

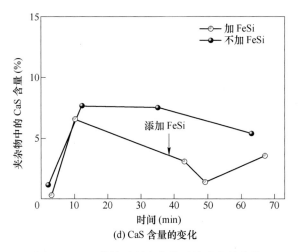

(d) CaS 含量的变化

图 7-16　LF 精炼过程夹杂物平均成分的变化

图 7-17 所示为 LF 精炼过程夹杂物数量和尺寸变化。由图可知，LF 进站时，加硅铁炉次夹杂物数密度为 25 个/mm²，高于未加硅铁炉次的 15 个/mm²。随后的 LF 冶炼过程中，加入硅铁后，夹杂物数量有上升的趋势，随之又下降。这是因为加入硅铁后，硅铁中的合金元素与钢液中的氧结合生成新的夹杂物。LF 出站时，两炉次的钢中夹杂物的数密度基本一致。夹杂物的面积分数结果显示，加硅铁钢中夹杂物的面积分数在整个 LF 精炼过程都大于未加硅铁次，这和两炉的初始洁净度水平不同有关。在 LF 出站时，两炉夹杂物的面积分数达到相似水平，说明加入硅铁改性夹杂物，经过合适的上浮去除，最终并不会造成更多夹杂物生成。两炉 LF 精炼夹杂物面积分数变化趋势与加硅铁炉次类似。从夹杂物的平均尺寸来看，两炉 LF 精炼过程中夹杂物的平均直径基本一致，说明加入含钙硅铁

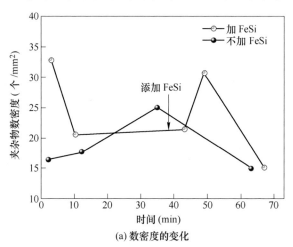

(a) 数密度的变化

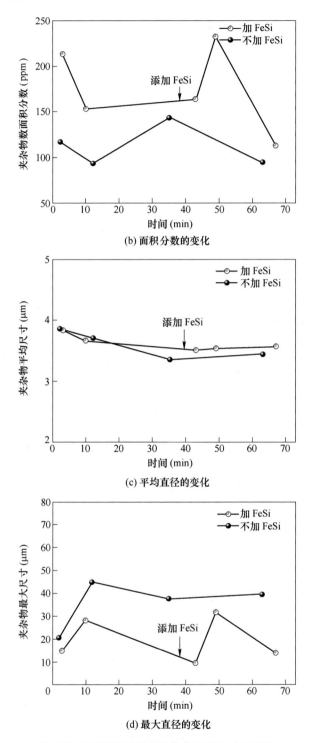

(b) 面积分数的变化

(c) 平均直径的变化

(d) 最大直径的变化

图 7-17　LF 精炼过程夹杂物数量和尺寸的变化

并没有造成夹杂物的平均直径的增大。同时，从两炉 LF 精炼过程中夹杂物最大直径来看，加入硅铁组的实验中夹杂物的最大直径反而更低。因此，LF 精炼过程加入含钙硅铁可以改性夹杂物的，同时并不会对夹杂物的数量和尺寸产生不好的影响。

7.5　小结

（1）对于未添加硅铁炉次，LF 精炼过程中使用了高碱度、高 Al_2O_3 含量的精炼渣，夹杂物中 CaO 有所增加，但并没有在当前的 LF 造渣后 51min 的精炼时间内将大部分夹杂物改性为液态。

（2）在保证精炼渣碱度和 CaO/Al_2O_3 相近的情况下，加入硅铁后，钢中 T. Ca 含量不断升高，明显高于未加入硅铁的炉次，这说明硅铁中的钙对钢液成分产生了影响，夹杂物中 CaO 含量显著增加。加入硅铁合金成功实现了镁铝尖晶石夹杂物到低熔点钙铝酸盐的改性，达到了喂钙线对钢中夹杂物进行钙处理相同的目的。

（3）LF 精炼过程中，加入硅铁炉次和未加硅铁炉次夹杂物的数密度和尺寸变化规律近似，说明 LF 精炼过程加入含钙硅铁改性夹杂物并不会对夹杂物的数量和尺寸产生不好的影响。

8 引流砂对管线钢洁净度的影响

在管线钢的生产过程中，发现在钢包开浇时或多或少都有二次氧化造成钢中 T.O 含量上升，钢包开浇用引流砂进入中间包对氧化钢液可能是其中的一个重要因素。对此，本书作者研究了引流砂加入对管线钢洁净度的影响，表 8-1 为现场所用引流砂的 XRF 荧光分析结果，引流砂的主要成分是 SiO_2、Cr_2O_3、Fe_2O_3、Al_2O_3 和 MgO 等氧化物。表 8-2 为初始铸坯成分。

表 8-1　引流砂成分 XRF 分析结果　　　　　　　　　　　　　（%）

SiO_2	Cr_2O_3	Fe_2O_3	Al_2O_3	MgO	K_2O	Na_2O	F	TiO_2	V_2O_5
30.66	27.13	15.64	14.94	7.06	1.30	1.09	0.88	0.47	0.25

表 8-2　初始铸坯成分

C（%）	Si（%）	Mn（%）	P（%）	T.Al（%）	T.O（ppm）	T.S（ppm）
0.06	0.23	1.6	0.01	0.034	10	14

采用硅钼电阻炉开展研究，管线钢铸坯在 MgO 坩埚内熔化，同时利用石墨坩埚套在 MgO 坩埚外部充当保护坩埚，并能够形成还原气氛减少空气的氧化，实验方案如图 8-1 所示。S-1 是空白对照实验，在氩气保护气氛中加热到 1600℃，保温 50min，之后水冷。S-2 为在 1600℃保温 20min 后，加入引流砂，引流砂和钢的质量比是 1∶6153。S-3 为在 1600℃保温 20min 后，按引流砂和钢质量比 1∶1185 加入了引流砂。后两个实验中加入引流砂后保温 30min，然后取出钢液水冷。实验后用 Leco 氧氮分析仪分析钢中的 T.O 和 T.N 含量，通过 ASPEX 夹杂物自动分析仪对钢中非金属夹杂物进行检测。

8.1　引流砂对管线钢成分和夹杂物的影响

图 8-2 和图 8-3 所示为钢中的氧氮含量分析结果，可见随着引流砂加入量的增加，钢中 T.O 含量从 7.8ppm 上升到 13.4ppm。实验 S-2 的 T.N 含量为 24.2ppm，与 S-1 空白实验的 28.4ppm 相比，不仅没有升高，还降低了 4.2ppm。

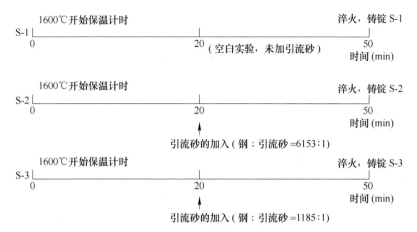

图 8-1 引流砂对管线钢洁净度影响实验方案

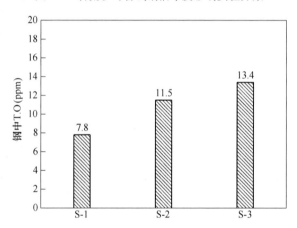

图 8-2 实验室引流砂还原实验铸锭中 T.O 含量

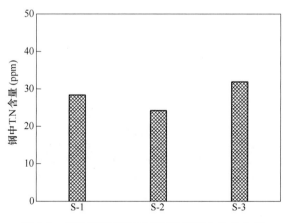

图 8-3 实验室引流砂还原实验铸锭中 T.N 含量

S-3 的 T. N 含量为 31.9ppm，与空白实验相比增加了 3.5ppm。整体上来说 T. O 含量逐渐升高而 T. N 含量基本不变，可以认定引流砂的加入是造成实验二次氧化的原因。

图 8-4 所示是三个不同引流砂加入量的钢锭中夹杂物的典型形貌。三炉钢样中夹杂物成分类型基本一致，都是形状不规则的镁铝尖晶石和球状钙铝酸盐。但是夹杂物中各组分的含量存在一定差异，说明不同引流砂的加入量对夹杂物的成

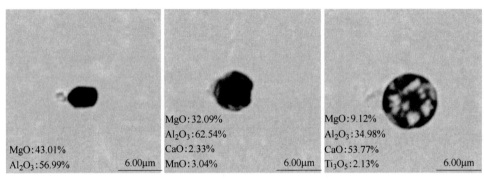

(a) 试样 S-1

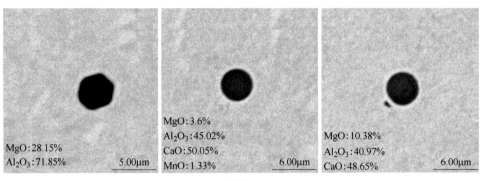

(b) 试样 S-2

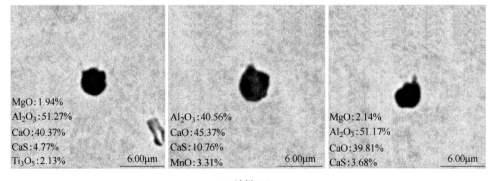

(c) 试样 S-3

图 8-4　引流砂还原实验铸锭中典型夹杂物形貌

分造成了一定的影响，如图 8-5 所示。在 S-1 组中，大部分夹杂物位于低熔点区域附近，夹杂物的平均成分在 50% 液相区域内，此时的夹杂物成分与之前检测的铸坯中夹杂物成分基本一致，说明此时基本没有二次氧化。在 S-2 组中，加入引流砂后，夹杂物成分向相图中 Al_2O_3 的方向移动，大部分夹杂物位于 50% 液相线之外，说明此时发生了二次氧化。在 S-3 组中，随着引流砂加入量的增加，夹杂物成分继续向相图中 Al_2O_3 的方向移动，大多数夹杂物为镁铝尖晶石夹杂物，说明此时发生了更严重的二次氧化。

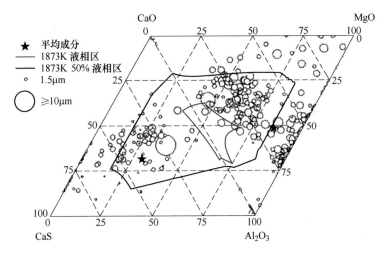

(a) S-1 (扫描面积 48.6mm², CaS-CaO-Al_2O_3: 141 个，MgO-CaO-Al_2O_3: 308 个)

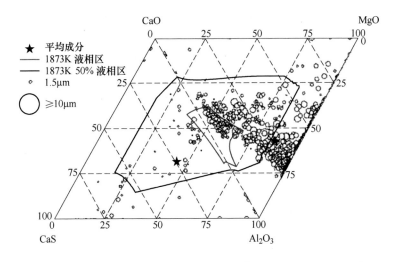

(b) S-2 (扫描面积 56.6mm², CaS-CaO-Al_2O_3: 152 个，MgO-CaO-Al_2O_3: 868 个)

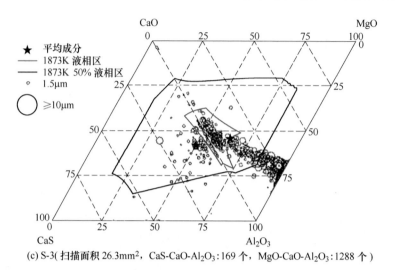

(c) S-3(扫描面积 26.3mm², CaS-CaO-Al₂O₃:169 个，MgO-CaO-Al₂O₃:1288 个)

图 8-5   引流砂还原铸锭中夹杂物成分在三元相图中的分布

图 8-6 所示为引流砂还原铸锭中夹杂物平均成分。由图可知，随着引流砂加入量的增加，夹杂物平均成分中 Al_2O_3 的含量逐渐升高，而 CaO、MgO 和 CaS 的含量逐渐降低，这主要是由于引流砂中的 SiO_2 对管线钢二次氧化造成的。图 8-7 所示为加入不同引流砂对铸锭中夹杂物平均尺寸的影响，结果表明加入引流砂后对夹杂物的平均尺寸影响不大。从图 8-8 和图 8-9 中的夹杂物数密度和夹杂物面积百分数变化结果看，加入石英砂的量增加会造成钢中生成更多的夹杂物，与图 8-2 的总氧观察结果一致，这是因为加入的引流砂对管线钢二次氧化造成的。在管线钢的精炼阶段对夹杂物进行的合金处理、渣改性、去除等多种措施，目的是为了将夹杂物的数量和成分控制在危害较小的目标范围内，但是在连铸阶段发生严重的二次氧化对管线钢夹杂物的控制产生了很大的影响。因此，在实际生产过程中应当尽量减少引流砂流入中间包。

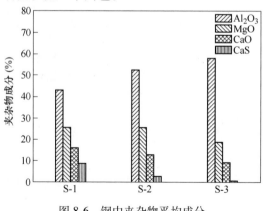

图 8-6   钢中夹杂物平均成分

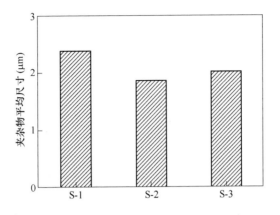

图 8-7　钢中夹杂物平均尺寸

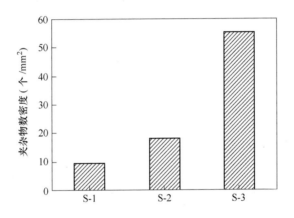

图 8-8　钢中夹杂物数密度变化

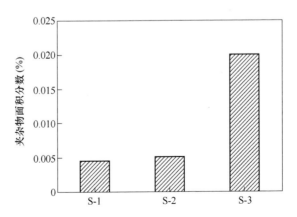

图 8-9　钢中夹杂物面积分数变化

8.2　二次氧化对管线钢中夹杂物成分影响的热力学计算

　　将引流砂加入管线钢中后，会造成管线钢中氧含量的明显增加。为了研究二次氧化对管线钢中夹杂物的影响，应用 FactSage 热力学软件计算了 1600℃下二次氧化过程夹杂物的成分变化。计算时选用 FactPS、FToxid 和 FTmisc 数据库。分别计算了 10ppm、20ppm 和 30ppm 钙含量下管线钢被二次氧化过程夹杂物的转变，其他元素成分见表 8-2，具体计算结果如图 8-10 所示。当初始 T. Ca 含量为 10ppm 时，初始钢中夹杂物为液态钙铝酸盐。随着钢中的氧逐渐增加到 100ppm，钢中夹杂物逐渐从转变为 $CaO \cdot 2Al_2O_3$ 再转变为 $CaO \cdot 6Al_2O_3$，最终逐渐开始生成 Al_2O_3。当初始 T. Ca 含量为 20ppm 时，初始夹杂物为液态钙铝酸盐夹杂物，随着二次氧化的发生，钢中夹杂物转变路径为液态夹杂物 → $CaO \cdot 2Al_2O_3$ → $CaO \cdot 6Al_2O_3$。当初始 T. Ca 含量为 30ppm 时，钢中夹杂物为 CaO-CaS 固态夹杂物，

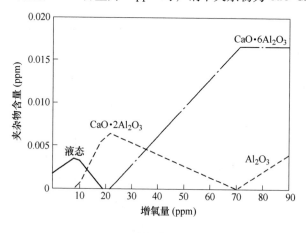

(a) T.Ca=10ppm

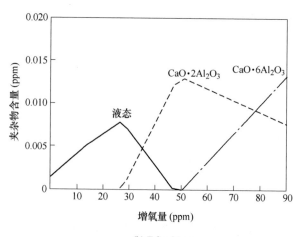

(b) T.Ca=20ppm

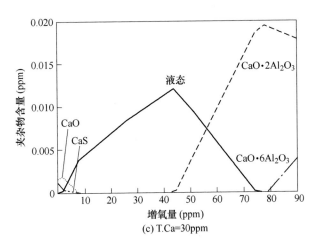

图 8-10 二次氧化过程管线钢中夹杂物的转变

并随着二次氧化的发生，钢中的 CaO-CaS 夹杂物逐渐减少，液态钙铝酸盐夹杂物逐渐增加，随着氧含量的继续增加，钢中夹杂物转变为 $CaO \cdot 2Al_2O_3$ 再转变为 $CaO \cdot 6Al_2O_3$。综上可知，管线钢发生二次氧化后，会导致钢中夹杂物的 Al_2O_3 含量明显增加，这与之前观察到的加入引流砂造成管线钢二次氧化后，夹杂物中 Al_2O_3 含量增加的结果是一致的。

8.3 持续二次氧化过程的动力学研究

热力学计算能够预测钙处理管线钢的二次氧化过程夹杂物的演变规律，但是需要准确检测钢液成分，难以实时给出预测结果。当钢液的持续二次氧化发生时，这是一个动力学问题。本节以低硫钢液受空气的持续二次氧化过程为例，通过 FactSage 热力学计算软件与自主编写程序的结合，建立了钙处理的二次氧化过程夹杂物转变动力学模型。

当二次氧化发生后，钢液中的钙和铝首先与氧反应。当铝完全消耗后，钢液中的硅继续与氧反应。持续氧化过程夹杂物的演变示意图如图 8-11 所示。当前模型将二次氧化的过程划分为四个阶段，如图 8-12 所示。第一阶段是通入空气之前，这一阶段夹杂物主要受钢液中钙含量降低的影响。第二阶段是通入空气后 1min，由于空气取代钢液表面的氩气与钢液接触需要时间，此时吸氧速率较低。第三阶段是钢中的铝氧化阶段，在此阶段吸氧速率达到稳定，最后一个阶段是硅氧化阶段。当前模型考虑了夹杂物的去除，为了简化计算，当前模型假定：第一阶段的夹杂物成分只与钙含量的降低有关；二次氧化发生后，钙的挥发会在钢液表面与氧反应，不再考虑挥发作用的影响；夹杂物在反应区域和未反应区域的去除率相同；同一个阶段夹杂物的去除率相同，且夹杂物去除后不再返回钢液；在每步计算后，反应区域内与未反应区域完全混合，以进行下一次计算。

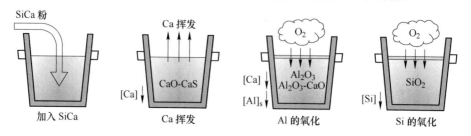

图 8-11 持续二次氧化过程夹杂物的演变示意图

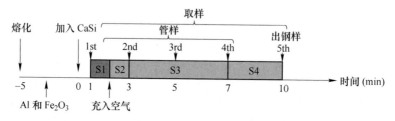

图 8-12 动力学模型的区域划分

动力学模型选取的初始参数见表 8-3。在每个时间步长，都有相同质量的钢液在钢液-空气交界面发生反应并达到热力学平衡，反应钢液的质量可以由式（8-1）计算得到。每个步长的吸氧量是根据检测的钢中酸溶铝和硅含量的变化来计算。

表 8-3 模型选取的初始参数

T_{steel}(K)	M_{steel}(g)	面积（m^2）	[Si]（%）	Al_s(%)	T.S(%)	T.Ca(%)	T.O(%)	Fe
1873	700	$2.826×10^{-3}$	0.24	0.1	0.001	0.0032	0.0015	Bal

$$M = mA\rho\Delta t \tag{8-1}$$

式中 M——每个时间步长里反应钢液的质量，kg；

　　　m——钢的传质系数，m/s；

　　　A——钢液和空气的交界面面积，m^2；

　　　ρ——钢液密度，kg/m^3；

　　　Δt——选取的时间步长，min。

由于持续二次氧化，夹杂物的去除率近似由钢液中氧含量的变化来计算。检测的总氧是吸氧量和去除的夹杂物中固定的氧的差值，因此夹杂物的去除率可以通过式（8-2）计算：

$$夹杂物去除率 = ([O]_{Abs}\text{-}T.O)/[O]_{Abs} × 100\% \tag{8-2}$$

式中 $[O]_{Abs}$——吸氧量，ppm；

T. O——检测的总氧含量,ppm。

表 8-4 为低硫钢液在持续二次氧化过程的成分检测数据,能够得到低硫钢液的吸氧速率,如图 8-13 所示。对各个阶段的直线求导,斜率即为钢液的吸氧速率,分别为 89ppm/min,200ppm/min 和 380ppm/min。再根据式(8-2),可计算在各个阶段夹杂物的去除率为 62.5%、85% 和 90%。计算中选择的钢中元素(铁、铝、硅)传质系数为 3×10^{-4} m/s[189,190]。

表 8-4 钢液成分变化

试 样	ppm				%	
	T. Ca	T. O	T. S	O_{Abs}	Al_s	Si
试样 1	38	15.1	9.5	0	0.1	0.24
试样 2	20	33.4	12	89	0.09	0.24
试样 3	8	76.5	10	551.8	0.038	0.24
试样 4	6	95.1	10.5	890	0.0006	0.24
最终试样	<1	137.2	10	2033	<0.0001	0.14

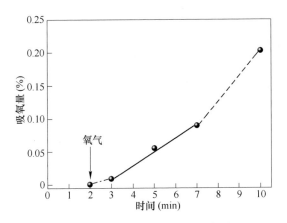

图 8-13 实验过程中钢液的吸氧量

图 8-14 所示为黏附在坩埚内壁的上浮夹杂物的形貌和成分。夹杂物主要成分是 Al_2O_3-SiO_2-CaO,说明后期生成的 SiO_2 与之前去除的夹杂物发生反应,生成了液态夹杂物。夹杂物的去除将会明显影响钢液的成分,进而影响钢中夹杂物的成分,因此,当前模型考虑了夹杂物去除的影响。

计算结果与实际检测结果如图 8-15 所示。第一阶段夹杂物成分的变化用虚线表示,当前模型计算的二次氧化影响夹杂物成分的结果用实线表示。计算的夹杂物变化趋势与检测结果一致。当二次氧化发生后,钢中生成大量的 Al_2O_3,总氧含量升高,使 CaS 含量迅速降低;在 7min 后,钢中酸溶铝完全消耗,此时钢

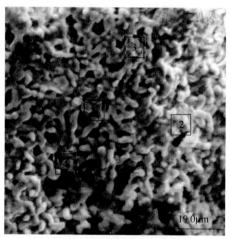

1—Al$_2$O$_3$:52.6%, SiO$_2$:39.6%, CaO:7.8%
2—Al$_2$O$_3$:44.6%, SiO$_2$:34.3%, CaO:21.1%
3—Al$_2$O$_3$:37.2%, SiO$_2$:45.6%, CaO:17.2%
4—Al$_2$O$_3$:32.4%, SiO$_2$:42.8%, CaO:24.8%

图 8-14　黏附在坩埚内壁的上浮夹杂物的形貌和成分

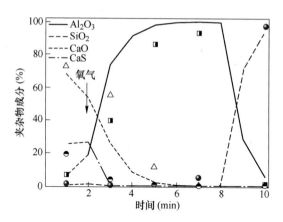

图 8-15　模型计算结果与实际检测结果的对比

液中的硅开始氧化，生成 SiO$_2$；10min 夹杂物完全转变为 SiO$_2$。模型的计算结果与检测结果存在一定误差，这可能由于二次氧化初期吸氧速率不稳定导致。

　　钢液成分的计算结果和检测结果，如图 8-16 所示。其中实线是计算结果，圆点是检测结果。由于钢的吸氧速率是根据钢中 Al$_s$ 和 [Si] 的变化来计算的，因此对于 Al$_s$ 和 [Si] 的预测值与检测值吻合较好，如图 8-16（a）和（b）所示。钢中 T.Ca 和 T.O 含量如图 8-16（c）和（d）所示，计算结果和检测结果的变化趋势一致，存在一定误差，这可能是由于第二阶段吸氧速率的不稳定导致。

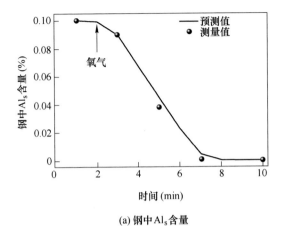

(a) 钢中 Al_s 含量

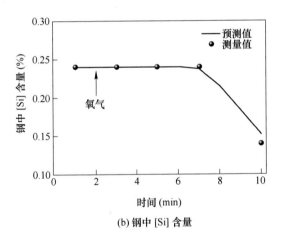

(b) 钢中 [Si] 含量

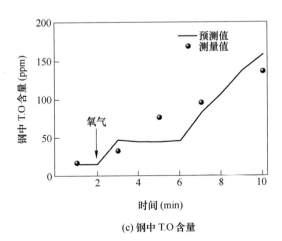

(c) 钢中 T.O 含量

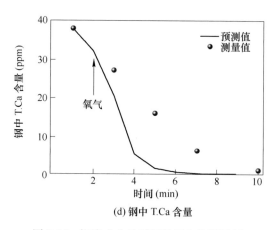

(d) 钢中 T.Ca 含量

图 8-16　钢液成分的预测结果和检测结果

　　各阶段典型夹杂物形貌与成分，如图 8-17 所示。夹杂物从球状的 CaO-Al$_2$O$_3$ 转变到 Al$_2$O$_3$-(CaO)，之后再到不规则形状的 Al$_2$O$_3$，最终只有球状的 SiO$_2$。二次氧化对夹杂物的数量和成分都会产生较大的影响，会促进 Al$_2$O$_3$ 甚至 SiO$_2$ 生成，当前的动力学模型能够较好地预测夹杂物成分和钢液成分随着时间的变化情况。因此，在真空感应炉中，夹杂物的去除是二次氧化过程影响夹杂物和钢液成分变化的关键，不应该被忽略。

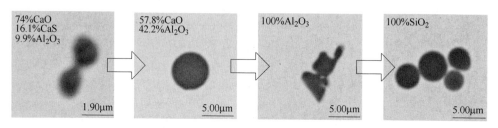

图 8-17　各阶段典型夹杂物形貌与成分

8.4　小结

　　（1）随着引流砂加入量的增加，钢液中 T.O 含量逐渐升高，夹杂物平均成分中 Al$_2$O$_3$ 含量逐渐升高，CaO、MgO、CaS 的含量逐渐降低，说明引流砂的加入对管线钢造成二次氧化。加入引流砂后，夹杂物数密度和夹杂物面积分数明显增加。

　　（2）当初始 T.Ca 含量为 10ppm 时，随着二次氧化的发生，钢中夹杂物转变路径为液态夹杂物→CaO·2Al$_2$O$_3$→CaO·6Al$_2$O$_3$→Al$_2$O$_3$；当初始 T.Ca 含量为 20ppm 时，初始夹杂物为液态钙铝酸盐夹杂物，随着二次氧化的发生，钢中夹杂物转变路径为液态夹杂物$\rightarrow CaO \cdot 2Al_2O_3 \rightarrow CaO \cdot 6Al_2O_3$；当初始 T. Ca 含量为 30ppm 时，随着二次氧化的发生，钢中夹杂物转变路径为 $CaO\text{-}CaS \rightarrow$ 液态夹杂物 $\rightarrow CaO \cdot 2Al_2O_3 \rightarrow CaO \cdot 6Al_2O_3$。综上可知，管线钢发生二次氧化后，会导致钢中夹杂物的 Al_2O_3 含量明显增加，计算结果与实验结果规律一致。

（3）建立了钙处理的二次氧化过程夹杂物转变动力学模型，动力学模型验证了持续二次氧化过程夹杂物的转变规律，其中夹杂物的上浮去除对夹杂物和钢液成分影响较大，应当考虑在内。

⑨ 管线钢连铸过程浸入式水口结瘤分析

防止水口结瘤是管线钢中夹杂物控制的关键目标之一。X80 管线钢属于铝镇静钢，浇注过程中某炉所使用的浸入式水口选用铝碳质耐材，铝镇静钢的脱氧产物氧化铝易在水口处发生结瘤，一般采用钙处理工艺防止水口结瘤的发生。在该 X80 管线钢浇注用的水口上发现了水口结瘤现象，这是因为钙处理喂钙线量不合理导致夹杂物没有被很好变性为低熔点夹杂物造成的。水口结瘤会对连铸顺行和结晶器流场产生不好的影响。因此，有必要对造成管线钢水口结瘤的夹杂物特征及其结瘤机理进行研究，从而为确定管线钢中非金属夹杂物成分的控制目标提供依据。

水口结瘤分析方法主要可以分为以下三个方面：

（1）形态分析。研究结瘤物的大小、形貌、分布、数量及性质等，其中包括岩相法、扫描电镜和透射电镜等分析方法。

（2）成分分析。结瘤物的组成和含量分析，其中有电子探针、离子探针、激光探针、化学分析、光谱分析、阴极发光仪等。

（3）结构分析。主要通过研究水口本体及结瘤物的结构，从而推测结瘤的形成机理，其中有岩相法、扫描电镜和透射电镜等分析方法。

本章节借助扫描电镜、能谱仪和阴极发光仪等手段分析了管线钢浸入式水口结瘤物形貌、结构和组成，以及结瘤后水口本体和结瘤物的结构，从而推测水口结瘤的形成机理。

9.1 结瘤物宏观观察

原水口总长度为 85cm 左右，渣线以下高度 25cm 左右。图 9-1 所示为整个水口样品的模型及照片，图 9-2 所示为水口结瘤部位宏观照片，图 9-3 所示为切割水口位置示意图。首先沿图中所示位置将水口横向切割为两段，然后再将下段沿出口面的中心所在面切为两部分，旋转切割面 90°将上段切成两部分；图 9-4 所示为渣线以下的模型及切割后水口的宏观照片。

由图 9-2 和图 9-4 可见，在水口的侧面出口及其周围附着有大量的结瘤物和凝钢颗粒，而水口底部也有大量的结瘤物黏结。水口底部的夹杂物厚度也有

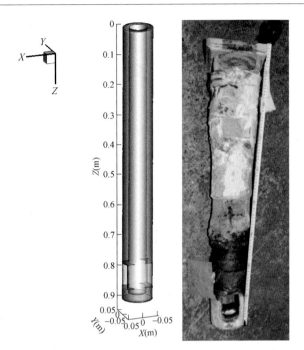

图 9-1 水口整体模型及样品照片

(a) (b)

图 9-2 水口结瘤宏观照片

(a) (b)

图 9-3 切割水口位置示意图

10~20mm 左右。水口的内壁也附着有大量的结瘤物，厚度在 5~20mm 之间。图 9-5 所示为水口内壁结瘤物的局部图，结瘤物主要呈灰黑色和白色，形状不规则，底部和侧面显示出明显的冲击痕迹，其中还含有许多大小不等的钢液凝块。

图 9-4　渣线以下水口模型及切割后结瘤宏观照片

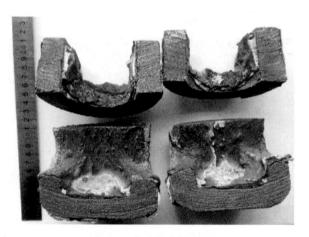

图 9-5　水口内壁结瘤物

9.2　结瘤物电镜形貌及成分分析

图 9-6 所示为结瘤物取样位置示意图。在水口出口处、出口同一高度的内侧内壁、水口底部的内壁和外壁分别取结瘤物样品，制成试样，经喷金处理后，使用电子显微镜对样品进行观察。

从水口本体的位置取样，同样经过喷金后在电镜下观察，不同部位的形貌如图 9-7 所示，其中字母和数字标识的区域的成分见表 9-1。本体中某些部位的形貌如图 9-8 所示，每行 3 个图片为同一位置从左至右依次放大。结合图表可知，水口主体成分为 Al_2O_3 和石墨混合物，还含有少量 SiO_2 和 CaO 杂质。

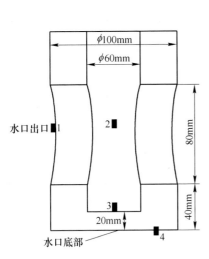

图 9-6 水口结瘤物取样位置示意图

1—水口出口处；2—出口高度内侧；

3—水口底部内壁；4—水口底部外壁

图 9-7 水口本体形貌

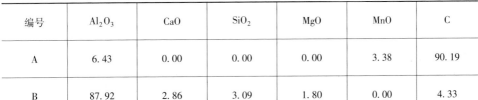

表 9-1 图 9-7 中所示位置水口本体成分 （%）

编号	Al_2O_3	CaO	SiO_2	MgO	MnO	C
A	6.43	0.00	0.00	0.00	3.38	90.19
B	87.92	2.86	3.09	1.80	0.00	4.33

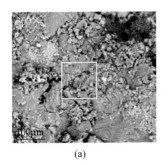

(a)

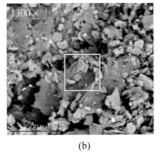

(b)

(c)

图 9-8　水口本体不同位置形貌

　　图 9-9 所示为水口出口处（试样 1）在不同放大倍数下观察到的结瘤物形貌，图中数字标识位置的结瘤物的成分见表 9-2。为了更加清晰地观察结瘤物的形貌，对试样 1 中某些局部位置的结瘤物形貌进行了更高倍数的观察，结果如图 9-10 所示，每行 3 个图片为同一位置从左至右依次放大。结合结瘤物形貌与成分可知，出口处的结瘤物形状分布很不规则，结瘤物以氧化铝和钙铝酸盐为主，大部分夹

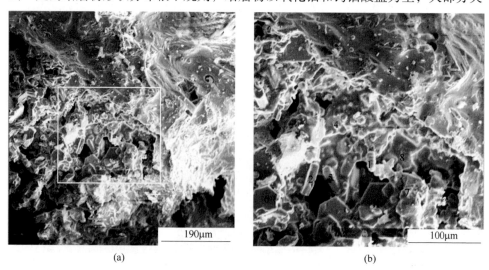

图 9-9　试样 1 中结瘤物形貌

杂物液相线温度主要集中在1600℃左右。同时，分布着较多的镁铝尖晶石。部分区域含有少量的 Fe，是由于凝钢所致。

表 9-2 试样 1 中结瘤氧化物成分（%）及氧化物熔点

编号	Al_2O_3	CaO	SiO_2	MgO	MnO	Fe	C	固相点（℃）	液相点（℃）
1	64.16	8.28	0.00	21.91	2.39	3.26	0.00	1317.9	1547.3
2	69.76	24.33	0.00	1.88	0.73	3.30	0.00	1317.9	1635.8
3	55.33	42.90	0.00	1.23	0.00	0.00	0.54	1309.1	1391.4
4	57.98	11.84	0.00	21.76	2.20	6.21	0.00	1317.9	1538.2
5	68.10	28.21	0.00	1.94	0.00	1.75	0.00	1369.9	1561.1
6	81.75	13.36	0.00	2.76	0.00	2.12	0.00	1708.3	1747.0
7	55.24	27.12	0.00	13.12	2.29	2.24	0.00	1280.6	1502.8
8	36.07	52.80	0.00	0.00	0.00	11.13	0.00	1540.8	1967.2

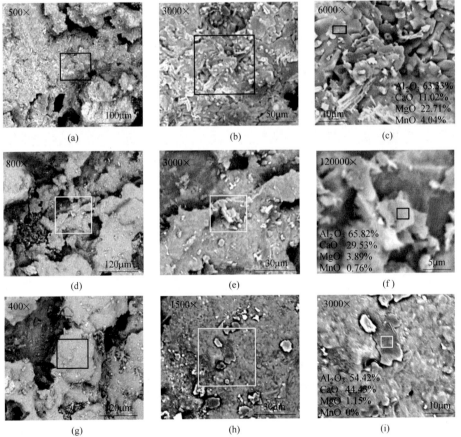

图 9-10 试样 1 局部位置结瘤物形貌

图 9-11 所示为水口出口高度内侧内壁（试样 2）在不同放大倍数下观察到的结瘤物形貌，其中字母所标识区域的氧化物平均成分和数字标识的位置的成分见表 9-3。试样 2 中局部位置的结瘤物形貌如图 9-12 所示，每行 3 个图片为同一位置从左至右依次放大。分析可知，结瘤物呈现明显的冲击痕迹，表层的结瘤物呈烧结状，表层以下则是冲积形成的沟道，表层的结瘤物中镁含量高于表层以下的区域，即镁铝尖晶石的含量较高；结瘤物以 Al_2O_3-CaO-MgO 为主，大部分结瘤物液相线温度主要集中在 1400℃ 左右。这是由于冷凝钢形成的网状结构表面上沉积了一些夹杂物引起的。

(a)　　　　　　　　　　　　　　　(b)

图 9-11　试样 2 中结瘤物成分

表 9-3　试样 2 中结瘤氧化物成分（%）及氧化物熔点

编号	Al_2O_3	CaO	SiO_2	MgO	MnO	Fe	C	固相点（℃）	液相点（℃）
A	53.27	29.69	1.32	9.35	0.00	6.38	0.00	1332.7	1408.7
B	54.95	30.45	0.00	7.62	0.00	6.98	0.00	1347.6	1395.3
C	58.69	31.92	1.27	3.35	0.00	4.17	0.59	1332.7	1501.5
1	55.85	29.69	0.00	8.61	0.00	5.39	0.46	1347.6	1387.5
2	51.16	27.10	0.00	10.43	0.00	10.82	0.49	1347.6	1468.9
3	58.79	34.27	0.00	5.60	0.00	1.34	0.00	1309.1	1435.1
4	52.18	21.19	0.00	13.45	1.30	11.88	0.00	1317.9	1497.1
5	94.26	1.74	0.00	1.72	0.00	0.69	1.58	1777.1	2015.5
6	47.68	39.62	0.00	3.32	0.00	8.18	1.21	1309.1	1319.4

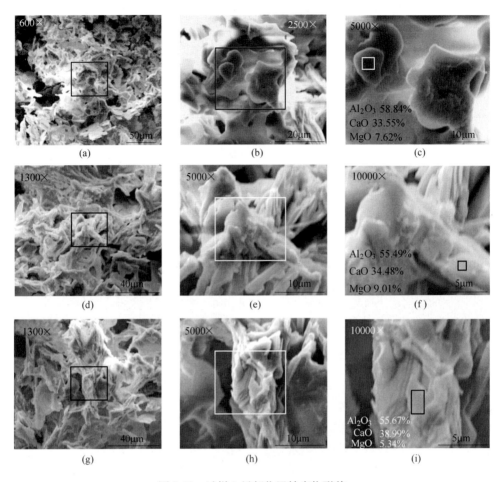

图 9-12　试样 2 局部位置结瘤物形貌

图 9-13 所示为水口底部内壁（试样 3）在不同放大倍数下观察到的结瘤物形貌，其中字母所标识的区域的氧化物平均成分和数字标识的位置的成分见表 9-4。试样 3 中某些部位的夹杂物形貌如图 9-14 所示，每行 3 个图片为同一位置从左至右依次放大。分析可知，底部内壁结瘤物呈细小的珊瑚状，为夹杂物堆积所致，结瘤物以 Al_2O_3 为主，同时含有一定量的 Al_2O_3-CaO-MgO，大部分夹杂物液相线温度主要集中在 1900℃左右，个别区域含有部分铁。

表 9-4　试样 3 中结瘤氧化物成分（%）及氧化物熔点

编号	Al_2O_3	CaO	SiO_2	MgO	MnO	Fe	C	固相点（℃）	液相点（℃）
A	83.95	4.95	0.00	4.30	0.00	5.25	1.55	1777.1	1910.0
1	68.38	1.82	0.00	3.00	0.00	25.50	1.30	1777.1	1973.3

编号	Al$_2$O$_3$	CaO	SiO$_2$	MgO	MnO	Fe	C	固相点（℃）	液相点（℃）
2	85.02	4.88	0.00	3.58	3.26	0.00	3.26	1694.6	1911.6
3	88.43	3.61	0.00	4.91	0.00	0.00	3.04	1777.1	1935.1
4	84.49	0.00	0.00	0.00	0.00	4.33	11.18	2053.9	2053.9
5	68.25	5.92	0.00	3.21	0.00	21.05	1.56	1714.1	1863.9
6	71.77	14.58	0.00	0.00	5.12	0.00	8.53	1681.9	1717.2
7	76.36	19.21	0.00	0.00	2.95	0.00	1.47	1480.3	1736.4

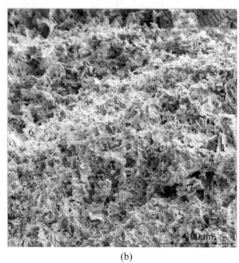

(a)　　　　　　　　　　　　　　　　　　(b)

图 9-13　试样 3 在不同放大倍数下的形貌和成分

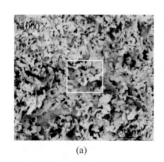
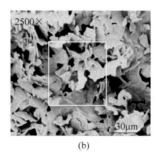

(a)　　　　　　　　　　　(b)　　　　　　　　　　　(c)

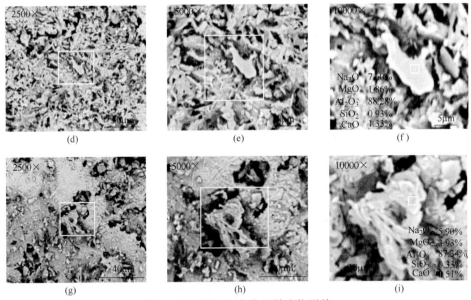

图 9-14　试样 3 局部位置结瘤物形貌

　　图 9-15 所示为水口底部外壁（试样 4）在不同放大倍数下观察到的结瘤物形貌，其中数字标识的位置的氧化物成分见表 9-5。试样 4 中某些部位的夹杂物形貌如图 9-16 所示，每行 3 个图片为同一位置从左至右依次放大。结合图表分析可知，底部外壁结瘤物表面呈现出明显的凝结状，为堆积物骤冷所致。内部则类似固体的堆积物漂浮在液态堆积物表面后骤冷凝结；结瘤物主要成分为钙铝酸盐和镁铝尖晶石，大部分夹杂物液相线温度主要集中在 1550℃ 左右。这些夹杂物来自夹杂物的堆积，外壁的结瘤物中镁铝尖晶石的含量明显比内壁高，同时从宏观照片可以看到底部外壁有些地方分布着凝结的钢珠。

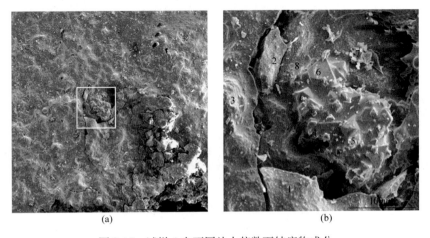

图 9-15　试样 4 在不同放大倍数下结瘤物成分

表 9-5 试样 4 中结瘤物成分 （%） 及氧化物熔点

编号	Al₂O₃	CaO	SiO₂	MgO	MnO	Fe	C	固相点（℃）	液相点（℃）
1	52.91	37.43	0.00	8.04	1.21	0.40	0.00	1242.6	1415.5
2	28.32	52.60	0.00	7.67	7.15	0.00	4.26	1329.9	2049.9
3	45.51	39.92	0.00	10.77	2.64	0.00	1.16	1272.6	1668.3
4	62.60	11.13	0.00	25.76	0.00	0.00	0.52	1369.9	1587.8
5	65.37	0.87	0.00	32.44	0.70	0.00	0.62	1292.1	1513.5
6	56.97	29.21	0.00	12.63	0.66	0.00	0.53	1347.6	1495.8
7	57.71	26.18	0.00	15.58	0.53	0.00	0.53	1369.9	1555.8
8	43.61	20.47	16.91	11.62	0.00	0.00	7.39	1172.1	1531.4

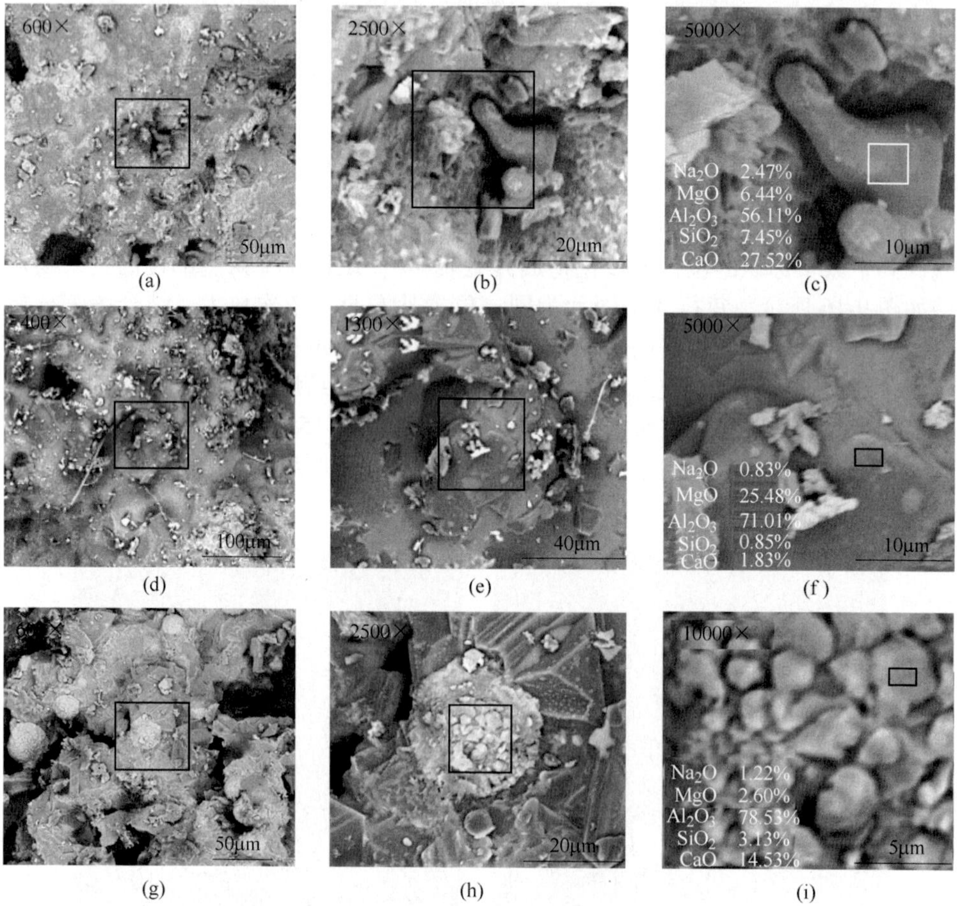

图 9-16 试样 4 局部位置结瘤物形貌

将 4 个结瘤位置的结瘤物成分投放到 Al₂O₃-CaO-MgO 三元相图中，如图 9-17

所示。可以发现，水口出口位置、出口同一高度内侧和水口外壁，即试样1、试样2和试样4位置的结瘤物在炼钢温度下大部分都落在液相区外，即主要为难熔的高熔点杂质；而水口底部，即试样3，则是大部分落在了液相区内的，来自液态的夹杂物聚集。

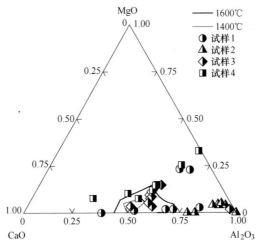

图9-17　4个结瘤物试样成分在 Al_2O_3-CaO-MgO 相图中的分布

9.3　结瘤水口结构分析

9.3.1　水口结瘤分层宏观观察

图9-18所示为水口本体和结瘤物的宏观结构。由图可知，水口本体和结瘤

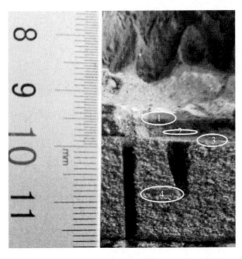

图9-18　水口本体和结瘤物的宏观结构

1—夹杂物堆积疏松层；2—Al_2O_3 致密层；3—脱碳层；4—水口本体

物呈明显的分层结构：水口本体脱碳层、氧化铝致密层和夹杂物堆积疏松层。并对结瘤后的水口切取一块试样，对试样进行冷镶和预磨抛光，经喷金处理后，放入扫描电镜下观察。

9.3.2　水口结瘤分层电子显微镜观察

　　图 9-19 所示为水口底部内壁的结瘤物分层的电镜观察结果，从图中明显可看出结瘤分成三层，即水口本体脱碳层、氧化铝致密层和夹杂物堆积疏松层。层与层之间的分界较为明显。脱碳层是块状颗粒不规则地分布在黏结剂基体中；网状氧化铝致密层大部分为氧化铝，组织致密，最靠近钢水的部分为钢中夹杂物在氧化铝层外堆积形成，组织比较疏松。图中看似致密是因为冷镶树脂渗透进了堆积物中的空隙所致，同时这也是导致夹杂物堆积疏松层中会检测到一定的碳含量的原因。图 9-20 所示为结瘤物各层的成分结果，其中字母所标识的区域的平均成分和数字标识的位置的成分见表 9-6。图 9-21 所示为结瘤物各层整体的成分面扫描结果，面扫描结果与图 9-20 中单点成分分析结果一致。

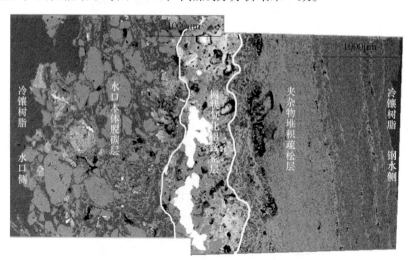

图 9-19　水口底部内壁的结瘤物分层示意图

表 9-6　结瘤物各层成分　　　　　　　　　　　　（%）

编号	Al$_2$O$_3$	CaO	SiO$_2$	MgO	MnO	Fe	C
1	96.16	0.00	0.86	1.56	0.35	0.40	0.67
2	5.35	0.00	0.00	0.00	18.84	18.92	56.89
3	0.18	0.00	7.66	0.00	2.24	89.53	0.39
4	0.18	0.00	3.78	0.00	1.51	94.23	0.29
5	80.27	0.00	6.37	3.65	3.84	5.87	0.00

续表9-6

编号	Al_2O_3	CaO	SiO_2	MgO	MnO	Fe	C
6	96.92	0.00	0.88	1.59	0.00	0.00	0.61
A	74.68	12.77	0.00	3.33	0.00	6.89	2.32
B	80.10	11.68	0.00	4.42	0.00	1.67	2.12
C	72.30	16.69	2.92	2.99	0.00	3.95	1.15

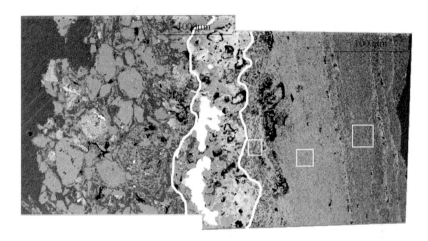

图 9-20 水口底部内壁的结瘤物各层成分

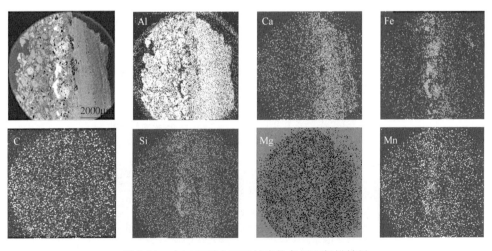

图 9-21 水口底部内壁的结瘤物各层面扫描结果

9.3.3　水口结瘤分层阴极发光仪观察

阴极发光仪是利用非破坏性的阴极发光技术，多用于碳酸盐岩中的沉积岩以及碎硝岩等固体样品的成分、结构和组成的定性分析手段。阴极发光仪工作部分如图 9-22 所示，图 9-23 所示为其工作系统，主要包括 EDS、真空泵、阴极发光仪和光学显微镜三个部分。阴极发光仪左侧为能谱操作箱和阴极发光仪操作箱，开关位置位于背面左侧；右侧为光镜及样品室和能谱用箱盖。其基本原理为电子束轰击到样品上，激发样品中发光物质产生荧光，又称阴极发光。阴极射线致发光现象多是由于矿物中含杂质元素或微量元素，或者是矿物晶格内有结构缺陷引起的。目前，阴极发光仪已经在快速准确判别石英碎屑的成因和方解石胶结物的生长组构、鉴定自生长石和自生石英以及描述胶结过程等方面得到了广泛的应用。

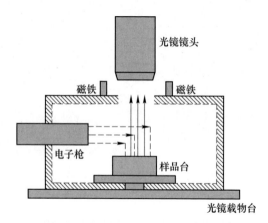

图 9-22　阴极发光仪工作部分示意图

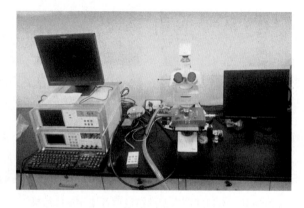

图 9-23　阴极发光仪工作系统

通过阴极发光仪对水口底部内壁的结瘤物进行观察，结果如图 9-24 所示。图中红色为氧化铝，绿色为钙铝酸盐，黄色为镁铝尖晶石。按照图像颜色从左向右，可以依次清晰地看到铝碳质的水口本体、氧化铝夹杂物层、钙铝酸盐夹杂物层和镁铝尖晶石夹杂物层的三层结构，揭示了氧化铝、钙铝酸盐和镁铝尖晶石在水口内壁上的沉积顺序。阴极发光仪结果与图 9-19 中使用扫描电镜观察到的结果一致。

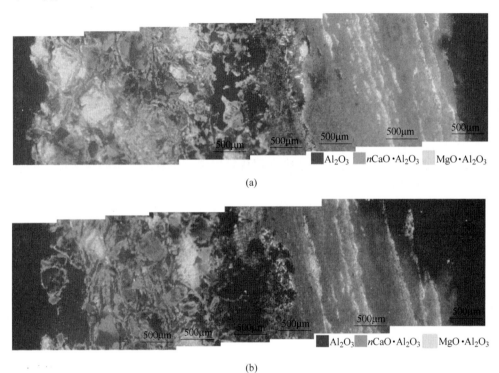

图 9-24 水口底部内壁的结瘤物各层在阴极发光仪下照片

综合考虑上述分析结果，水口各层的示意图如图 9-25 所示，在水口本体的表面发生脱碳反应后生成脱碳层，有些块状的氧化铝被从本体中脱离出来，而钢中的氧化铝也在上面聚集黏附，共同形成了较薄的致密氧化铝层，在平面方向上呈网状，这层中间会出现少量凝结的钢珠，钢液中的夹杂物在外面粗糙的表面黏附，形成夹杂物堆积层。（1）水口本体脱碳层。脱碳层紧邻水口本体，在电子显微镜下与水口本体无明显界线。脱碳层厚度随水口位置的不同而不同，沿钢液流经方向厚度呈增加趋势，其最大厚度不超过 1mm。脱碳层主要由 Al_2O_3 和 C 基体组成，最初紧密结合的氧化铝与碳基体经过脱碳反应，变成块状的氧化铝弥散分布在碳基体中，其中的 Fe 可能由于钢液渗入所致。（2）网状氧化铝致密层。网状氧化铝层紧邻脱碳层，厚度为 1mm 左右，组织结构为致密的网络状，颗粒

间互相烧结。该层中的氧化铝较纯的部分来
自脱碳反应的产物，其他部分来自钢中
Al_2O_3 的附着凝结。观察到有钢珠分布在烧
结的氧化铝中，同时发现少量冷凝的钢液，
而这部分凝钢的形成是由于水口预热不足所
致。（3）夹杂物堆积疏松层。由于氧化铝
致密层烧结形成的表面比较粗糙，夹杂物容
易附着沉积，形成结构疏松的夹杂物堆积
层。该层组织结构与致密层之间有明显分
界，呈现疏松的网格状，颗粒较粗且之间没
有互相烧结现象。主要成分为 Al_2O_3 以及钙

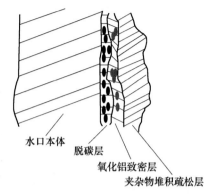

图 9-25　结瘤物各层示意图

铝酸盐，来自钢中夹杂物的附着堆积。该层含有较多的气孔，氧化铝的粒径较
小，氧化铝颗粒间夹杂有一定量的铁粒。由于致密层与疏松层之间存在间隙，制
样过程中填充了树脂，导致夹杂物堆积疏松层中会检测到一定的碳含量。（4）
水口本体。水口本体基本没有受到浇注过程的影响，保持其原有的结构和成分。
水口本体成分为 Al_2O_3 和石墨混合物，还含有少量硅杂质。

　　通过本章对管线钢水口结瘤开展的研究，发现了在炼钢温度下结瘤物主要为
高熔点夹杂物，揭示了管线钢连铸过程氧化铝、钙铝酸盐和镁铝尖晶石在水口内
壁上的分层沉积现象。造成水口结瘤主要是因为管线钢钙处理过程中喂钙线量不
合理和不稳定造成的。有必要实现管线钢的钙处理过程中夹杂物变性的精准和稳
定控制，避免管线钢中非金属夹杂物引起水口结瘤和产品缺陷。

9.4　小结

　　（1）管线钢钢水连铸浸入式水口结瘤的起因是浸入式水口烘烤时，表面氧
化脱碳，水口颗粒间形成间隙，为 Al_2O_3 堆积提供了支点；同时水口在使用时温
度偏低，为钢珠的凝结提供了条件。连铸操作过程中应该严格控制好浸入式水口
的烘烤过程，保证使用温度。保护浇注不完善，水口吸气造成钢水中铝氧化。

　　（2）通过宏观分析可以看出，浸入式水口存在结瘤现象，水口内壁结有 5～
20mm 厚的夹杂物，水口侧面出口及其周围也结有大量夹杂物，水口底部也有较
多夹杂物堆积附着。

　　（3）出口处的结瘤物以氧化铝和钙铝酸盐为主，同时分布着不少的镁铝尖
晶石，部分区域含有少量的 Fe。出口高度内侧内壁结瘤物以 Al_2O_3-CaO-MgO 为
主，其中也有大量的 Fe。底部内壁结瘤物呈细小的珊瑚状，为夹杂物堆积所致，
结瘤物以 Al_2O_3 为主，同时含有一定量的 Al_2O_3-CaO-MgO，个别区域含有部分
Fe。底部外壁结瘤物主要成分为钙铝酸盐和镁铝尖晶石，有一些钢珠分布其上。

对水口本体进行分析可以看出，水口本体中有块状的 Al_2O_3 和石墨混合物。

（4）水口出口位置、水口底部内侧和水口外壁，即试样 1、试样 3 和试样 4 位置的结瘤物在炼钢温度下大部分都落在液相区外，即主要为难熔的高熔点杂质。

（5）通过引入阴极发光仪观察水口结瘤物形貌和成分，发现结瘤物的结构大致可以分为三层：脱碳层、网状氧化铝致密层和夹杂物堆积疏松层。脱碳层紧邻水口本体，在电子显微镜下与水口本体无明显界线，脱碳层厚度随水口位置的不同而不同，一般沿钢液流经方向厚度会逐渐变大，其最大厚度不超过 1mm；网状氧化铝致密层紧邻脱碳层，厚度为 1mm 左右，组织结构为致密的网络状，颗粒间互相烧结，主要成分为 Al_2O_3，其中夹杂着部分的凝钢；夹杂物堆积疏松层组织结构呈现疏松的网格状，颗粒较粗且之间没有互相烧结现象，该层含有较多的气孔，氧化铝的粒径较小，氧化铝颗粒间夹杂有一定量的凝钢颗粒。

⑩ 凝固和冷却过程管线钢中
非金属夹杂物的演变

从管线钢生产过程的夹杂物演变过程可以看到，从中间包到铸坯夹杂物的成分发生了明显变化，夹杂物中 Al_2O_3、MgO、CaS 含量升高，而 CaO 含量降低，夹杂物类型由钢液中的低熔点钙铝酸盐转变成铸坯中的 $MgO\text{-}Al_2O_3+CaS$ 为主的复合夹杂物。为了解释这个现象，我们对管线钢凝固和冷却过程中夹杂物的转变进行了分析。

10.1 夹杂物转变特征

选取了不同钙含量的两个炉次进行分析。当钢包浇注 2/3 时从中间包取钢水试样并水冷。浇注后从正常坯宽度中心 1/4 厚度处取铸坯试样。钢中夹杂物采用自动扫描电镜检测，最小检测尺寸为 $3\mu m$。中间包钢液主要成分见表 10-1，可以看到两炉钙含量分别为 12ppm 和 20ppm。

表 10-1　实验炉次中间包钢液成分　（ppm）

炉次	Al_s	T. Ca	T. S	T. Mg	T. O
1	320	12	13	6	13.8
2	330	20	12	6	13.5

图 10-1 所示为中间包钢液和铸坯中 T. O 和 T. N 含量，可见浇注过程中不存在增氧增氮，表明浇注过程基本无二次氧化发生。

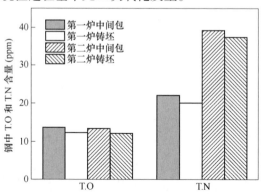

图 10-1　中间包钢液和铸坯中 T. O 和 T. N 含量对比

第一炉中间包钢液和铸坯中 3μm 以上的夹杂物成分分布如图 10-2 所示，图中还给出了试样的扫描面积和检测到的夹杂物个数。可见，绝大部分钢液中的夹

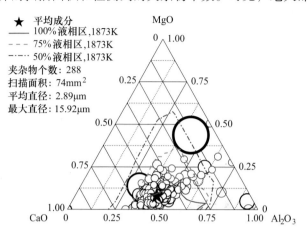

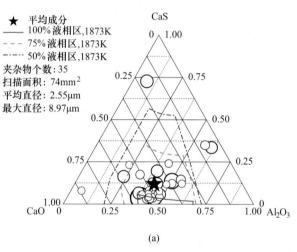

(a)

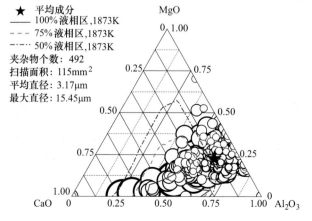

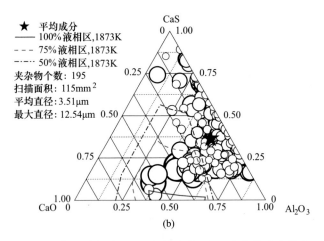

图 10-2　第一炉钢液（a）和铸坯中（b）夹杂物成分分布

杂物都是 CaO-Al$_2$O$_3$ 类型，并且处于低熔点区，而铸坯中的夹杂物转变为了 MgO-Al$_2$O$_3$-CaO-CaS 类型，且平均成分处于 50% 液相区之外。

　　第一炉钢液和铸坯中夹杂物各组分平均含量随夹杂物尺寸的变化，如图 10-3 所示。在钢液中，夹杂物中 Al$_2$O$_3$ 平均含量约为 40%，CaO 平均含量约为 45% ~ 55%。MgO 平均含量小于 10%，同时 CaS 含量小于 5%。在不同尺寸下各组分的相对含量无明显差异。与此相对应，铸坯中夹杂物中的 Al$_2$O$_3$ 含量显著增加到 55% 左右，而 CaO 含量降低至大约 10%。同时，MgO 含量和 CaS 含量分别增至约 20% 和 10%。另外需要注意的是，对于铸坯中 8μm 以内的夹杂物，其平均成分差别不大，然而，对于 8μm 以上的夹杂物，随着尺寸的增加夹杂物中的 Al$_2$O$_3$、

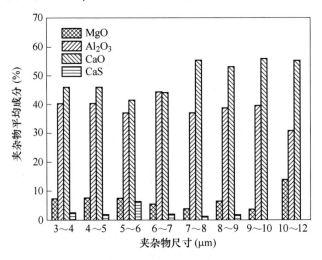

(a) 第一炉中间包

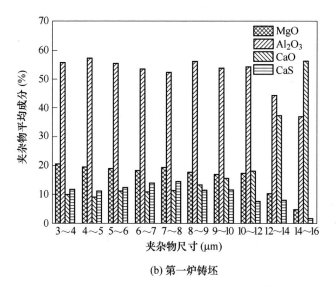

(b) 第一炉铸坯

图 10-3 第一炉钢液（a）和铸坯中（b）夹杂物平均成分随尺寸变化

MgO 和 CaS 含量降低，而 CaO 含量增加。尺寸大于 14μm 的夹杂物成分与钢液中夹杂物成分近似。这表明小尺寸夹杂物能够相对转变完全，而大尺寸夹杂物只能发生部分转变，这应该是受限于动力学条件。

图 10-4 所示为钢液中典型夹杂物的面扫描图片以及铸坯中典型夹杂物的面扫描和线扫描结果。钢液中钙铝酸盐夹杂物的元素分布很均匀，而铸坯中的夹杂物为 MgO·Al$_2$O$_3$ 尖晶石相和 CaS 相分别在钙铝酸盐相的内部和表面析出。

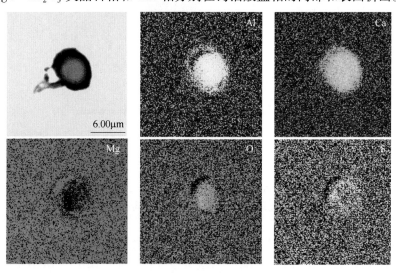

(a)

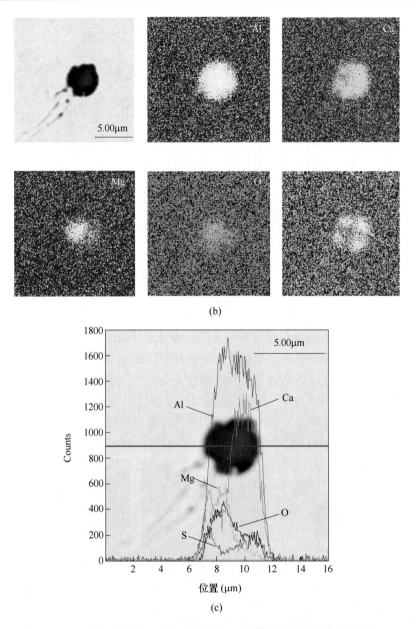

图 10-4　第一炉钢液（a）和铸坯中（b）典型夹杂物面扫描结果
以及铸坯中夹杂物的线扫描结果（c）

　　第二炉呈现出相似的现象，如图 10-5 所示。凝固后夹杂物由含少量 MgO 和 CaS 的 CaO-Al$_2$O$_3$ 类型转变为 MgO-Al$_2$O$_3$-CaO-CaS 类型。图 10-6 所示为第二炉钢液和铸坯中夹杂物平均成分随尺寸的演变。在钢液中，Al$_2$O$_3$ 含量大约为 40%，由于钢中含有更高的钙含量，夹杂物中的 CaO 含量更高，大约为 55%。MgO 和

CaS 含量都小于 5%。钢液中夹杂物成分在所有尺寸范围基本一致。整体上，铸坯中，对于尺寸小于 10μm 的夹杂物，Al_2O_3 平均尺寸略微增加到 45%，而 CaO 含量显著降低至 20% 左右，但是高于第一炉中的含量。同样，MgO 和 CaS 的含量分别增至 10% 和 20%。由于具有更高的钙含量，铸坯夹杂物中的 CaS 含量也大于第一炉中的含量。对于铸坯中 10μm 以上的夹杂物，其平均成分随尺寸的变化规律与第一炉一样。

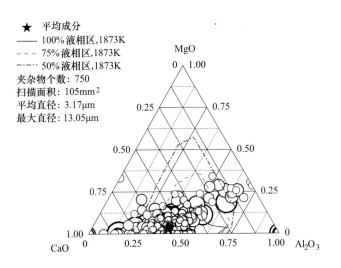

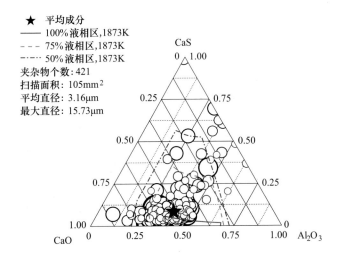

(a)

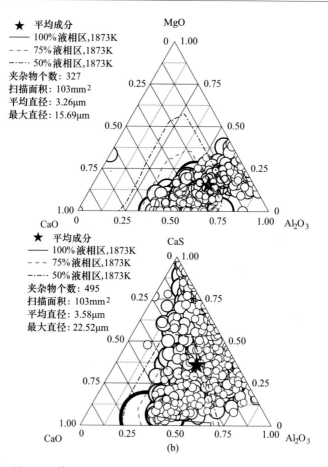

图 10-5 第二炉钢液（a）和铸坯中（b）夹杂物成分分布

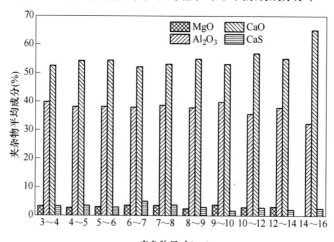

(a) 第二炉中间包

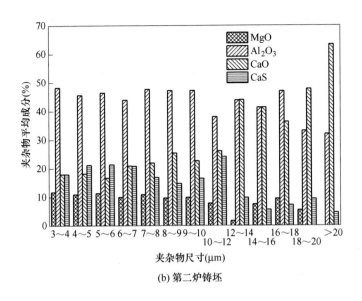

(b) 第二炉铸坯

图 10-6 第二炉钢液（a）和铸坯中（b）夹杂物平均成分随尺寸变化

10.2 铸坯断面上夹杂物的分布

图 10-7 所示为正常坯宽度方向 1/4 处断面夹杂物的尺寸分布情况。由图可知，在靠近边部和中心处夹杂物的尺寸明显大于其他位置，这是因为夹杂物被两端的枝晶生长推向中心造成的。图 10-8 和图 10-9 所示分别为夹杂物各组分含量的分布图。在铸坯边部夹杂物类型为 $CaO-Al_2O_3$，夹杂物中 CaS 含量较低；铸坯中心及厚度方向 1/4 位置夹杂物类型主要为 $CaS-Al_2O_3$。即 CaO 含量较高的夹杂物主要集中在铸坯边部和中心处，CaS 和 Al_2O_3 含量较高的夹杂物集中在中心和厚度方向 1/4 处。虽然铸坯中间位置 CaS 含量上升，但是铸坯中间位置的 Al_2O_3 含量并没有随着 CaO 含量的降低和 CaS 含量的升高而降低，这说明铸坯中间位置 CaS 含量较高并不是由于单一的 CaS 含量过高造成的，而是由于在连铸铸坯从外向内的冷却过程中夹杂物中的 CaO 逐渐转变为了 CaS 而造成的。图 10-10 所示为铸坯宽度方向 1/4 处从内弧到外弧夹杂物数密度的变化，总体上来说厚度方向 1/4 处夹杂物数密度较大，中心处数密度较小。

图 10-10 所示为管线钢铸坯从内弧到外弧夹杂物数密度和面积分数变化。图 10-10（a）说明在管线钢铸坯厚度方向，较多的 >2μm 夹杂物存在于铸坯中心偏下的位置。图 10-10（b）为管线钢铸坯从内弧到外弧夹杂物面积分数变化。图中铸坯中心偏上的位置夹杂物面积分数明显高于其他位置，这主要是由于在铸坯凝固过程中，凝固枝晶将大尺寸夹杂物向中心推移[191]。同时由于夹杂物在钢液凝固的同时上浮，所以最终中心偏上的位置夹杂物面积分数最大。

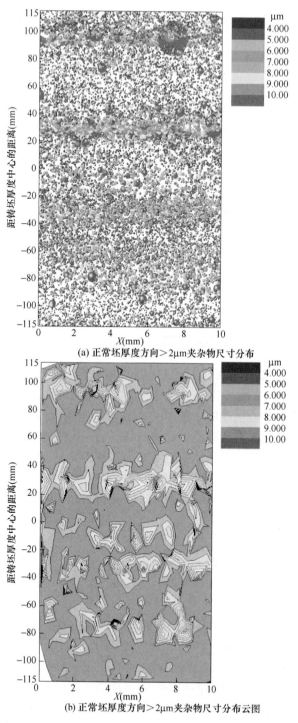

(a) 正常坯厚度方向>2μm夹杂物尺寸分布

(b) 正常坯厚度方向>2μm夹杂物尺寸分布云图

图 10-7 铸坯宽度 1/4 处夹杂物尺寸分布

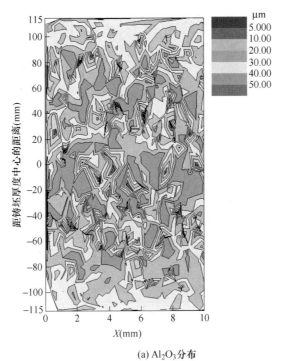

(a) Al$_2$O$_3$分布

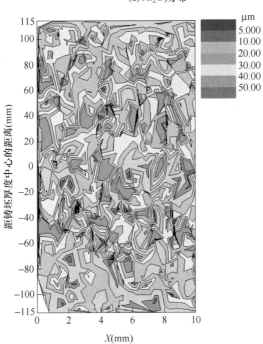

(b) CaS分布

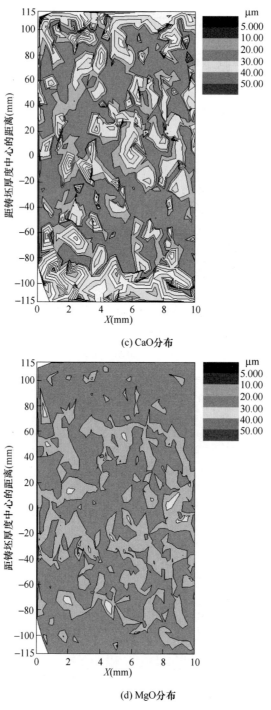

(c) CaO分布

(d) MgO分布

图 10-8　夹杂物中各组分含量分布

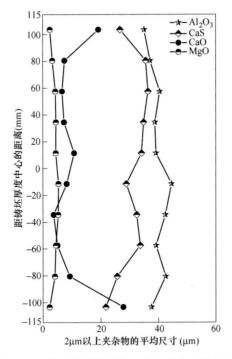

图 10-9 从内弧到外弧夹杂物各组分含量变化

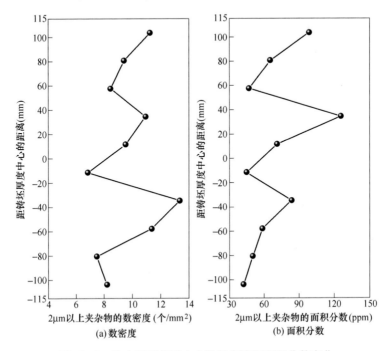

图 10-10 从内弧到外弧夹杂物数密度和面积分数变化

10.3   热力学分析

从钢液到铸坯，夹杂物的数量和尺寸都有所增加，推测可能是在冷却过程中发生了新相的生成并且之前生成的夹杂物尺寸发生了增长。采用 FactSage 热力学软件对不同成分钢液凝固和冷却过程中夹杂物的转变进行了热力学分析。

钙含量为 12ppm 时的计算结果如图 10-11 所示。图 10-11（a）所示为冷却过程夹杂物的相转变。在温度刚开始下降时，虽然仍然只有液相，但是夹杂物的成分已经发生了变化，如图中虚线所示。在液相线温度以上时，生成了少量的 MgO 固体。随着温度降低到液相线温度以下，CaS 和尖晶石相继析出。在固相线温度时液相消失，相对应的尖晶石和 CaS 进一步析出。结合各相的含量，能够计算出

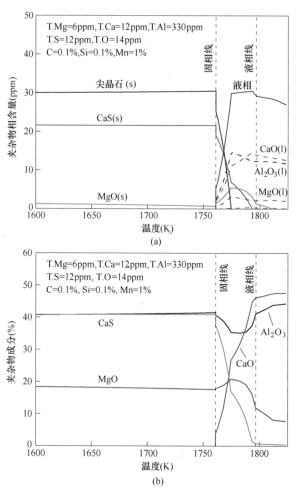

图 10-11   含 12ppm 钙的管线钢冷却过程夹杂物相转变和平均成分变化

冷却过程夹杂物的平均成分，如图 10-11（b）所示。钢液中，夹杂物为含少量 MgO 的 CaO-Al$_2$O$_3$ 类型。在凝固过程中，CaO 含量降低，而 CaS 和 MgO 含量显著增加；凝固后，夹杂物中的 CaO 基本消失，夹杂物的成分大约稳定在 20% MgO、40% Al$_2$O$_3$ 和 40% CaS。

计算得到的含 20ppm 钙的管线钢冷却过程中夹杂物相转变和平均成分的变化如图 10-12 所示。根据计算，CaS 可以在钢液中生成，并且其含量随温度的降低而增加。固态 MgO 在液相线温度附近生成，而尖晶石相在固相线温度开始析出。直到温度降至 1616K 时，钢中液态夹杂物才消失，同时转化成 3CaO・MgO・2Al$_2$O$_3$。从图 10-12（b）可见，钢液中夹杂物主要是含少量 MgO 的 CaO-Al$_2$O$_3$-CaS

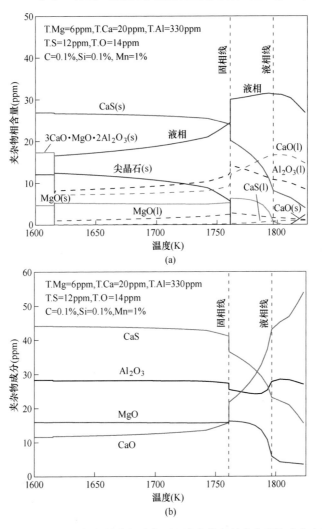

图 10-12　含 20ppm 钙的管线钢冷却过程夹杂物相转变和平均成分变化

类型。在凝固过程中，夹杂物中的 CaO 含量急剧降低，同时 CaS 和 MgO 含量增加。凝固后，各组分的含量变化很小，夹杂物成分大致维持在 15% MgO、30% Al$_2$O$_3$、10% CaO 和 45% CaS。我们发现不论钢中钙含量多少，在整个冷却过程中 Al$_2$O$_3$ 含量都变化很小。

图 10-12 表明随着钢中钙含量的增加，夹杂物中的 CaO 含量增加，同时 CaS 的析出量和析出温度都增加，对应的尖晶石的析出量和析出温度降低。

将不同温度下含 12ppm 和 20ppm 钙的管线钢中夹杂物的成分投影到 MgO-CaO-Al$_2$O$_3$ 和 CaO-Al$_2$O$_3$-CaS 相图中，分别如图 10-13 和图 10-14 所示。图中还给

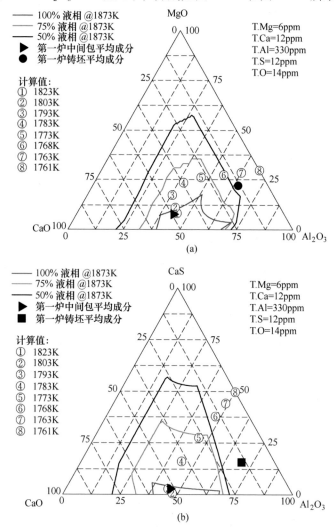

图 10-13　钢中含 12ppm 钙时不同温度下 MgO-CaO-Al$_2$O$_3$(a) 和 CaO-Al$_2$O$_3$-CaS(b) 相图中的夹杂物成分分布

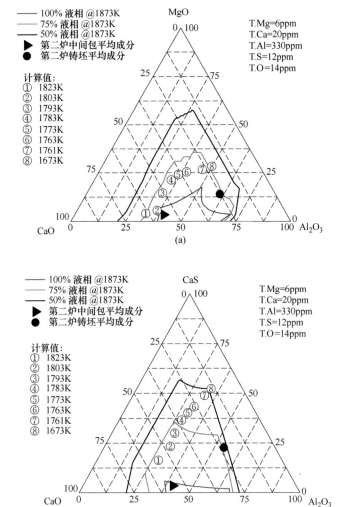

图 10-14　钢中含 20ppm 钙时不同温度下 MgO-CaO-Al₂O₃(a) 和 CaO-Al₂O₃-CaS(b)
相图中的夹杂物成分分布

出了中间包钢液和铸坯中夹杂物的平均成分。对于更低钙含量的第一炉，钢液中的夹杂物成分与计算结果吻合很好。铸坯中，氧化物夹杂的成分与 1763K 下的计算值近似，但是夹杂物中的 CaS 含量明显小于计算值。对于第二炉，实验结果和计算值同样存在偏差，铸坯夹杂物中的 CaS 和 MgO 含量只有计算值的一半左右。这种偏差应该是由冷却过程夹杂物的不完全转变所致。

图 10-15 所示为 T.S 含量为 10ppm、30ppm、100ppm 时，热力学计算得到的成分为 0.064%C-0.23%Si-1.6%Mn-0.04%T.Al-15ppm T.Ca-0.0015ppm T.O-T.S 管线钢凝固和冷却过程中夹杂物的析出情况。FactSage 计算的夹杂物冷却析出是

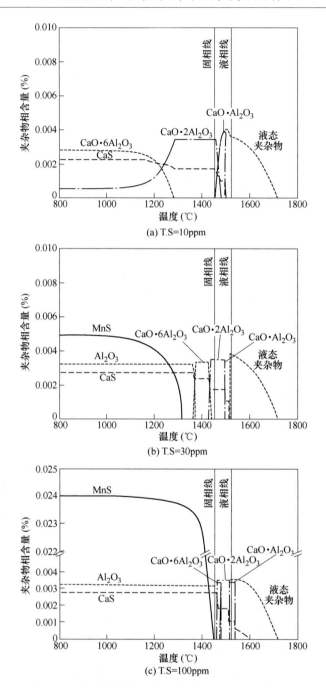

图 10-15 钢中 T.S 含量对管线钢凝固和冷却过程中夹杂物析出相的影响

指钢液缓慢冷却过程中，夹杂物的转变可能与实际生产过程中钢液的冷却条件不同。图 10-15（a）所示为当管线钢中 T.S 含量为 10ppm 时，随着钢液中的温度从

1600℃缓慢减低到 800℃，夹杂物的演变顺序为液态夹杂物、$Al_2O_3 \cdot CaO$、$2Al_2O_3 \cdot CaO$、$6Al_2O_3 \cdot CaO$ 和 CaS 夹杂物；图 10-15（b）所示为当管线钢中 T.S 含量为 30ppm 时，随着钢液中的温度从 1600℃减低到 800℃，夹杂物的演变顺序为液态夹杂物、$Al_2O_3 \cdot CaO$、$2Al_2O_3 \cdot CaO$、$6Al_2O_3 \cdot CaO$、CaS、Al_2O_3、MnS 夹杂物；图 10-15（c）所示为当管线钢中 T.S 含量为 100ppm 时，随着钢液中的温度从 1600℃减低到 800℃，夹杂物的演变顺序仍然为液态夹杂物、$Al_2O_3 \cdot CaO$、$2Al_2O_3 \cdot CaO$、$6Al_2O_3 \cdot CaO$、CaS、Al_2O_3、MnS 夹杂物，但是最终生成其他夹杂物的含量变化不大，最后生成 MnS 夹杂物的含量明显增加，这是因为管线钢随着 T.S 含量增加，MnS 夹杂物更易于析出。

图 10-16 所示为 T.Ca 含量为 5ppm 和 25ppm 时，成分为 0.064%C-0.23%Si-1.6%Mn-0.04%T.Al-T.Ca-15ppm T.O-10ppm T.S 管线钢凝固和冷却过程中夹杂物的析出情况。图 10-16（a）所示为当管线钢中 T.Ca 含量为 5ppm 时，随着钢

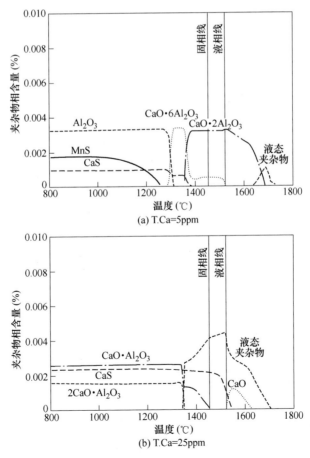

图 10-16　钢中 T.Ca 含量对管线钢凝固和冷却过程中夹杂物析出相的影响

液中的温度从 1600℃ 缓慢减低到 800℃，夹杂物的演变顺序为液态夹杂物、$2Al_2O_3 \cdot CaO$、$6Al_2O_3 \cdot CaO$、Al_2O_3、CaS 和 MnS 夹杂物；1600℃ 下，钢中夹杂物主要为固态 $2Al_2O_3 \cdot CaO$ 夹杂物，说明钙处理不充分。图 10-16（b）所示为当管线钢中 T. Ca 含量为 25ppm 时，随着钢液中的温度从 1600℃ 减低到 800℃，夹杂物的演变顺序为液态夹杂物、CaO、CaS、$Al_2O_3 \cdot CaO$、$Al_2O_3 \cdot 2CaO$ 夹杂物；1600℃ 下，钢中夹杂物主要为液态钙铝酸盐夹杂物和固态 CaO，其中固态 CaO 的生成说明钙处理加钙过量。钢中没有 MnS 夹杂物生成，这是因为加过量的钙后钢中的硫与钙结合造成的。对比图 10-16 和图 10-15（a）可知，随着钢中 T. Ca 含量增加，钢液凝固和冷却过程中夹杂物的 CaO 含量降低，CaS 含量增加。

图 10-17 所示为 T. O 含量为 8ppm 和 25ppm 时，成分为 0.064%C-0.23%Si-1.6%Mn-0.04%T. Al-15ppm T. Ca-O-10ppm T. S 的管线钢凝固和冷却过程中夹杂物的析出情况。图 10-17（a）所示为当管线钢中 T. O 含量为 8ppm 时，随着钢液中的温度从 1600℃ 缓慢减低到 800℃，夹杂物的演变顺序为液态夹杂物、CaO、

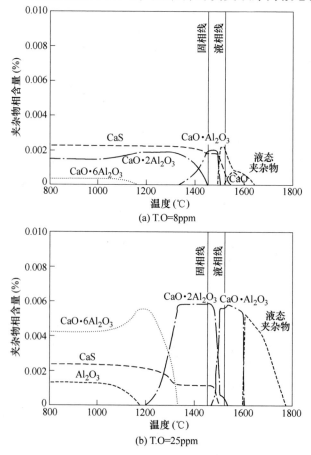

(a) T.O=8ppm

(b) T.O=25ppm

图 10-17　钢中 T. O 含量对管线钢凝固和冷却过程中夹杂物析出相的影响

CaS、$Al_2O_3 \cdot CaO$、$2Al_2O_3 \cdot CaO$、$6Al_2O_3 \cdot CaO$ 夹杂物；1600℃下，钢中夹杂物主要为液态钙铝酸盐夹杂物和固态 CaO，其中固态 CaO 的生成说明钙处理加钙过量。图 10-17（b）所示为当管线钢中 T.O 含量为 25ppm 时，随着钢液中的温度从 1600℃减低到 800℃，夹杂物的演变顺序为液态夹杂物、$Al_2O_3 \cdot CaO$、$2Al_2O_3 \cdot CaO$、CaS、$6Al_2O_3 \cdot CaO$、Al_2O_3 夹杂物；1600℃下，钢中夹杂物主要为固态 $2Al_2O_3 \cdot CaO$ 和液态夹杂物，说明钙处理不充分。对比图 10-17 和图 10-15（a）可知，随着钢中 T.O 含量增加，钢液凝固和冷却过程中，氧化夹杂物中 CaO 含量降低。

图 10-18 所示为 T.Al 含量为 0.03%和 0.05%时，成分为 0.064%C-0.23%Si-1.6%Mn-Al_s-0.0015%T.Ca-15ppm T.O-10ppm T.S 的管线钢凝固和冷却过程中夹杂物的析出情况。当管线钢中 T.Al 含量为 0.03%和 0.05%时，随着钢液中的温度

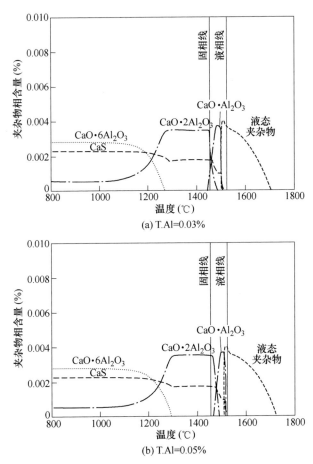

(a) T.Al=0.03%

(b) T.Al=0.05%

图 10-18　钢中 T.Al 含量对管线钢凝固和冷却过程中夹杂物析出相的影响

从 1600℃ 缓慢减低到 800℃，夹杂物的演变顺序为液态夹杂物、$2Al_2O_3 \cdot CaO$、$6Al_2O_3 \cdot CaO$、Al_2O_3、CaS 和 MnS 夹杂物。对比图 10-18 和图 10-15（a）可知，随着钢中 T. Al 含量增加，钢液凝固和冷却过程中夹杂物发生转变的温度上升。

10.4　小结

（1）钙处理后夹杂物主要成分为 Al_2O_3-CaO 液态夹杂物，夹杂物中 CaS 含量较低。铸坯中夹杂物主要成分为 Al_2O_3-CaS 固态夹杂物，夹杂物中 CaS 含量明显增加，同时还含有少量的 $MgO \cdot Al_2O_3$。说明管线钢钢液凝固和冷却过程中，夹杂物的 CaO 与钢基体发生反应转变为 CaS。

（2）铸坯边部夹杂物类型为 CaO-Al_2O_3，夹杂物中 CaS 含量较低；铸坯中心及厚度方向 1/4 位置夹杂物类型主要为 CaS-Al_2O_3。这是由于在连铸铸坯从外向内的冷却过程中，夹杂物中的 CaO 逐渐转变为了 CaS 而造成的。

（3）随着钢中 T. Ca 含量增加，管线钢钢液凝固和冷却过程中，夹杂物中 CaO 含量降低，CaS 含量增加；随着钢中 T. O 含量增加，管线钢钢液凝固和冷却过程中，氧化夹杂物中 CaO 含量降低；随着钢中 T. Al 含量增加，管线钢钢液凝固和冷却过程中，夹杂物发生转变的温度升高。

（4）由于在钢液→铸坯的过程中，夹杂物成分会发生偏移，从产品角度考虑，在对管线钢中夹杂物进行控制时，需要考虑在凝固和冷却过程中夹杂物成分的变化，即应该将铸坯中的夹杂物往目标值进行控制。

11 管线钢夹杂物控制案例

11.1 ERW 焊接管线钢洁净度和夹杂物要求[192]

高强度、薄壁厚及小管径的管线由于其经济性得到广泛应用，其使用的钢材包括 X65~X80 级别的管线钢，常采用 ERW 方式进行焊接。这些管线钢要求有三点主要的性能：（1）在不必预热时可与纤维素型焊条焊接；（2）具有较高的洁净度，以保证纵向焊缝的完整性和抗延性、断裂扩展性；（3）具有较轻的中心偏析，特别是对于由中心开缝热轧卷制成的小直径管道的焊接完整性。因此，下面以澳大利亚 BHP 钢铁公司生产的 X65~X80 级别的管线钢为例，从夹杂物的角度来对钢的洁净度进行考虑，包括氧化物、硫化物、碳氮化物等粒子的数量、尺寸、形貌和分布。

11.1.1 生产过程

该厂管线钢生产工艺如图 11-1 所示，转炉大小为 270t，三炉连浇。采用 CaO-Al 混合脱硫剂在鱼雷罐车中将铁水硫含量脱至 0.005% 后，在铁水装入 BOS

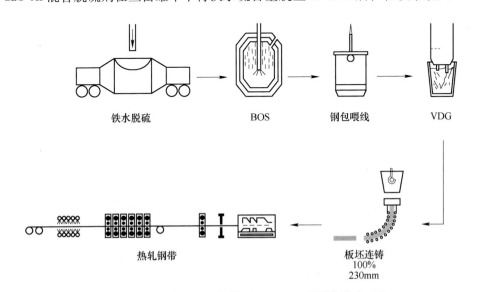

铁水脱硫　　　　　　BOS　　　　　钢包喂线　　　　VDG

热轧钢带　　　　　　　　　　　　　板坯连铸
　　　　　　　　　　　　　　　　　　100%
　　　　　　　　　　　　　　　　　230mm

图 11-1　澳大利亚 BMP 钢铁厂 X65~X80 管线钢生产工艺

炉前进行扒渣处理。BOS 炉采用惰性气体进行顶底复吹,出钢过程进行挡渣。出钢后大约 0.22kg/t 的钙以 CaSi 粉的形式,以氩气为载气,通过导管喂入钢包中;之后经过真空脱气处理(VDG)来对成分和温度进行微调,VDG 处理周期为18min;连铸采用全保护浇注,结晶器采用滑板控流,在耐火材料接口处采用氩气保护。中间包内衬为 MgO 质,采用电磁搅拌来控制中心偏析,且装备有自动下渣检测。采用了一套计算机支持系统,包括一个温度模型,通过规定炼钢过程每个中间步骤的温度来实现目标中间包温度的控制。

　　X65～X80 级别的管线钢典型成分见表 11-1。由于机械性能的窄范围控制的发展,钢的化学成分的窄范围控制要求也越来越严。最高硫含量一般控制为0.005%,特殊情况下要求最高不能超过 0.003%。这些硫含量的控制目标能够通过采用 CaO-Al 进行铁水脱硫预处理以及钢包中喂入 CaSi 粉来实现。由表 11-1 可见,这些级别的管线钢的合金设计已由传统的微合金化 Nb-V 钢转变为更低碳当量的 Mn-Mo-Nb-Ti 钢。由于要求对大量元素同时进行窄成分控制,在喂钙步骤后进行了真空脱气处理。

表 11-1　X65～X80 管线钢典型成分　　　　　　　　　　　　　(%)

API 级别	C	P	Mn	Si	S	Al	Nb	V	Mo	Ti	N (ppm)	Ca (ppm)	C_{eq}
来自 ERW 管线钢全宽热轧卷													
X65	0.08	0.014	1.45	0.12	0.003	0.025	0.038	0.042	…	0.012	50	8	0.29
X70	0.069	0.013	1.47	0.23	0.003	0.029	0.059	…	0.12	0.015	53	8	0.34
X70	0.063	0.012	1.25	0.33	0.003	0.03	0.059	…	0.10	0.014	54	8	0.29
X80	0.075	0.015	1.59	0.31	0.003	0.026	0.057		0.22	0.013	55	11	0.38
来自 ERW 管线钢中心开缝热轧卷													
X65	0.065	0.014	1.10	0.32	0.003	0.032	0.049	0.06	…	0.014	48	8	0.27
X70	0.06	0.011	1.22	0.34	0.002	0.035	0.065		0.23	0.017	50	8	0.32

　　注:C_{eq}—碳当量(IIW)。

11.1.2　氧化物和硫化物控制

　　在炼钢和连铸过程采取了大量措施来提高钢的洁净度,包括钢包浸入式开浇、钢包下渣检测、传输系统的氩气保护、堰墙设计以及开浇时中间包快熔渣的添加等。此外,在高强 ERW 管线钢生产过程,在客户提供的数据中有两个关键监视点:(1)含表面线状缺陷的管线比例;(2)焊缝附近检测到非金属夹杂物的管线比例。焊缝附近的非金属夹杂物常遵循焊缝邻近金属的流变模式,取决于它们相对于管线表面的相对位置,并且可能造成裂纹的形成(钩状裂纹),如图11-2 所示。

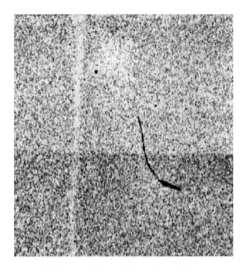

图 11-2　ERW 焊缝处的钩状裂纹

11.1.2.1　钙处理

为了获得钢液中所需的氧化物和硫化物类型，必须进行钙处理。喂钙主要有两个目的：（1）为了获得所需的硫含量；（2）使簇状氧化铝转化为液态钙铝酸盐。实现这些目标的关键是总氧、钢中钙和铝含量。图 11-3 所示为生产 3 万吨 X70 管线钢统计得到的喂钙后及中间包两个阶段的钙含量分布。钙处理后钙含量平均为 62ppm，标准方差为 10ppm，而中间包中的平均钙含量为 11ppm，标准方差为 3.5ppm。这个钙含量的降低主要发生在真空处理阶段。中间包中铝和硫含量如图 11-4 所示。

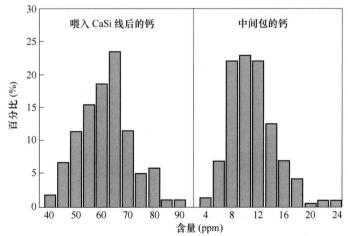

图 11-3　X70 管线钢喂入 CaSi 后及中间包中的钙含量

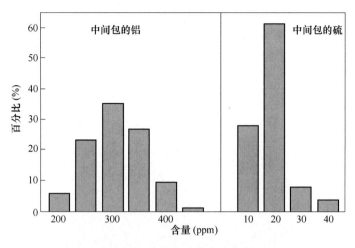

图 11-4　中间包中铝和硫含量

　　以往的经验性研究表明，只有钢中 Ca/Al 比为 0.2 或更大时，才能获得更低的钩状裂纹率（图 11-5）。当钢中钙为 50ppm、全氧为 50ppm、铝为 250ppm 时 Ca/Al 比为 0.2，可以得到液态钙铝酸盐。随着钢中 T. O 含量的降低，获得液态钙铝酸盐的 Ca/Al 更低。图 11-6 所示为当铝含量为 0.045%、T. O 含量低于 35ppm、钙含量大于 45ppm 时可以获得液态夹杂物（A）。在表面以上，固态夹杂物开始生成。

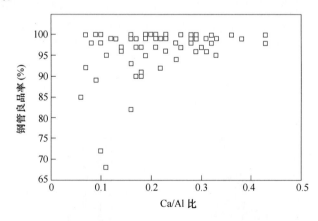

图 11-5　X42（C-Mn 钢）~X56(C-Mn-Nb 钢) 良品率与钙处理后 Ca/Al 比的关系

　　钢液和炉渣中氧负荷降低的另外一个结果是钢中 CaS 粒子体积分数的增加。CaS 相不仅可以溶解于液态钙铝酸盐中，也可以单独出现。当钢中硫含量为 0.003% 时，钙处理后 55ppm 的钙中有高达 35ppm 的钙能够以硫化物形式存在。

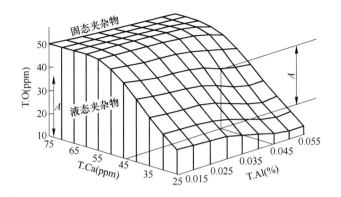

图 11-6　液态夹杂物的生成与 T. Al、T. O 和 T. Ca 含量的关系

11.1.2.2　RH 真空处理

RH 真空脱气步骤是实现如下目标的关键：（1）获得所需的氧化物、硫化物及钢洁净度；（2）获得化学成分的窄范围控制；（3）获得所需的温度以保证中间包钢液的过热度。

RH 真空脱气处理的应用有降低氧化物中 Ca/Al 比和降低 CaS 比例的趋势。可能是两个机理的作用结果：第一，为了实现钢包渣和钢之间的平衡，以及对 RH 浸渍管上黏附的渣的还原而进行的持续驱动；第二，真空脱气处理过程溶解钙挥发降低，因此存在 CaS 粒子的持续溶解。这些机理可以由以下式子进行描述：

$$CaS \longrightarrow [Ca] + [S] \tag{11-1}$$

$$[Ca] + (3x + 1)[O] + 2x[Al] \longrightarrow CaO \cdot (Al_2O_3)_x \tag{11-2}$$

$$[Ca] \longrightarrow Ca_g \tag{11-3}$$

$$[Ca] \longrightarrow Ca_{Ar} \tag{11-4}$$

式中，Ca_{Ar} 为氩气泡中的钙蒸气。

图 11-7 所示为与渣、钢包和浸渍管渣釉之间的反应可以由处理 5min 时 T. O 的增加体现。这些反应以及钙蒸气的挥发和夹杂物的去除的作用可以从 RH 处理过程 T. O 含量的降低反映出来。非溶铝含量的水平表明了氧化物中氧化铝的增加以及从钢液中的去除。在 RH 处理的整个过程中，这两个机理导致夹杂物保持为液态钙铝酸盐，如图 11-8 所示。

RH 真空处理过程的渣-钢反应同时会对铸坯中 20～25ppm 的 T. O 和 8～10ppm 的 T. Ca 有影响。这个洁净度水平在铸坯和轧板中的金相检测中很明显。当钢热轧至 4.8～10mm 时氧化物和硫化物形貌的变化如图 11-9 所示。钢的冲击韧性的降低是（Ca, Mn）S 相生成的结果，这个硫化物相在热轧过程会发生变形

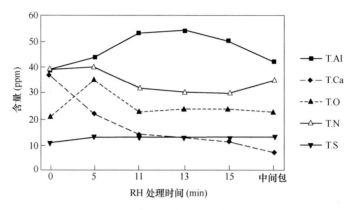

图 11-7　RH 真空处理过程钢液成分的变化

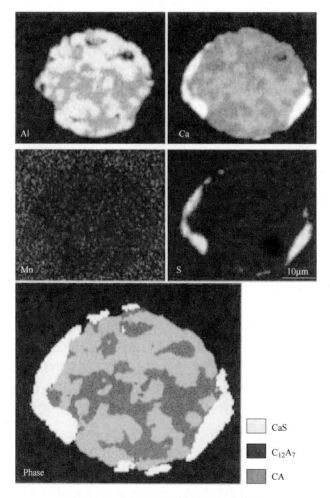

图 11-8　RH 处理 16min 时复合氧硫化物

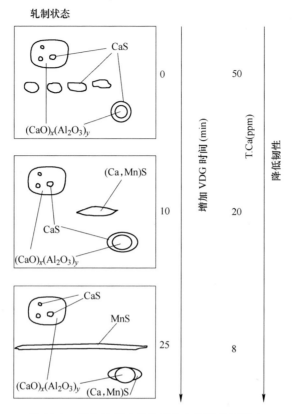

图 11-9 真空处理对热轧后夹杂物形貌的影响

形成长条状夹杂物。对 X70 产品研究表明，每真空处理 10min，横向上架能量下降 10~15J。在夏比冲击实验中，大尺寸长条状夹杂物对横向上架能量的显著影响如图 11-10 所示，参数 $P70$ 是所有单个尺寸大于 $70\mu m$ 的夹杂物的长度之和。由图表明，钢中碳含量也会影响横向上架能量。当然，除此之外，热轧板的晶粒尺寸也有影响。尽管会降低塑性，大部分时候当 Mn-Mo-Nb-Ti 钢中硫含量最高为 0.005% 时其断裂韧性要求都能够得到充分满足。

11.1.3 碳化物和氮化物的控制

相比于传统微合金 Nb-V 钢，Mn-Mo-Nb-Ti 钢在更低的碳当量条件下能够获得更高的强度，是因为相变硬化和进一步的晶粒细化的额外贡献。在 Mn-Mo-Nb-Ti 钢中析出硬化同样很重要，就这一点而言，作为最后一个钢包处理步骤，真空脱气的使用对于钢液中氮含量的控制尤为重要。在钙处理阶段，钢液中氮含量可以增加 10~30ppm。然而，在脱气阶段，大约 50% 的吸氮量会被去除，如图 11-11 所示。

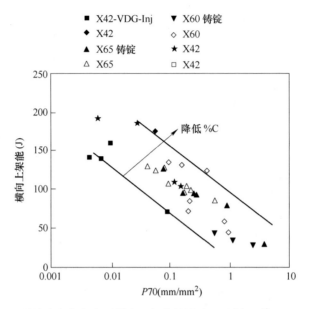

图 11-10　累计夹杂物长度对横向上架能的影响（试样尺寸 10mm×10mm）

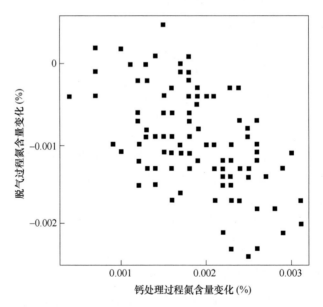

图 11-11　真空处理过程氮含量变化与钙处理过程增氮之间的关系

　　钙处理过程增氮量有 50% 的去除能力是钙处理过程低硫含量的直接结果。在更低硫含量下能够去除更多的氮是因为在钙处理过程钢中更低的硫含量导致了更多的吸氮量。因此当硫含量低于 0.005% 时，脱气过程大约 50% 的去氮量不受硫含量的影响。

真空脱气的一个结果是氮含量的可预测性，这又反过来能够实现氮化物和碳化物成分的精细控制。在 X70 钢的发展过程中，钛含量由 0.015% 增加到 0.020%，以便利用钛对铌析出相成分的影响作用。图 11-12 所示为当钢中同时含有钛和铌，最开始钛会形成氮化物，从而降低钢中的溶解氮。因此，当铌的碳氮化物形成时，它们会在氮中被剥夺。当钢中自由钛（$Ti_{free} = Ti - 3.42(N)$）接近于零时这种夺取将变得更大。

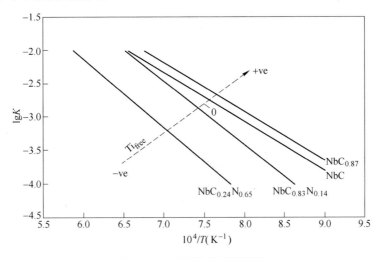

图 11-12　碳氮化铌的溶度积

碳氮化铌含量降低的一个结果是，在 1250℃ 的板坯再加热温度下，这些脱氮的碳氮化铌在奥氏体中的溶解度将增加。因此，Mn-Mo-Nb-Ti 钢能够更有效地利用铌的添加，能够在热轧过程中生成更高比例的细小 NbC 析出物，而 TiN 颗粒限制了晶粒的生长。更多的自由钛导致细小 TiC 析出物粒子的生成，这也会进一步提高这些钢种的强度。

11.1.4　小结

应用于非酸性气体传输的 X65~X80 级别 ERW 管线钢的发展和经济生产使炼钢厂面临冶金和加工两方面的挑战。这些钢种洁净度的控制超出了将簇状氧化铝改性为球形液态钙铝酸盐，同时也不仅限于氧化物和硫化物体积分数以及它们在铸坯中的分布的控制。如上文所述，炼钢过程必须满足这些所有需求，同时还要对碳化物和氮化物的成分及其析出行为进行控制。这种整体方法要求炼钢工作者持续关注阴离子元素，如氧、硫和氮及其反应物，包括铝、钙、锰、钛和铌的水平和相互作用。本节介绍了在钢包内对钢液进行钙处理后再进行 RH 真空脱气的工艺步骤，可以很容易地满足这一钢洁净度系统提升方法中经常出现的不稳定的冶金要求，同时达到较窄的浇注温度和钢液成分范围。

11.2 低钙含量处理工艺减少管线钢 B 类夹杂物

管线钢要求高的强韧性、良好的焊接性能以及抗腐蚀性能。影响管线钢性能的主要因素之一是钢中的非金属夹杂物。作为典型的钙处理铝镇静钢，管线钢中的非金属夹杂物主要是 $MgO\text{-}CaO\text{-}Al_2O_3\text{-}CaS$ 类型。沿轧制方向延伸的大尺寸条串状夹杂物，即我们常说的 B 类夹杂物，对管线钢的性能危害很大，会引起性能的各向异性并导致服役过程氢致裂纹的产生。通过调整夹杂物成分来降低其对管线钢性能的危害的研究已有很多，如有建议控制到液态钙铝酸盐[192,194]、CaO-CaS 类型[193]、$Al_2O_3\text{-}CaS$ 类型[174,175]。同时，钙处理后钢中夹杂物的形成和演变[144,162,173,195-198]以及相关热力学[199,200]也已有很多研究。对于不同的管线钢级别以及不同的焊接工艺，夹杂物成分的具体控制目标有所差异，但都要避免 B 类夹杂物的生成。以往的控制措施大多要求钢中具有较高的钙含量，然而高的钙含量会在生产过程中带来一些成本和质量方面的问题，如钙线的喂入量大，钙收得率的不稳定，以及控制不当时还会生成大量大尺寸液态夹杂物，导致轧板中 B 类夹杂物的超标。因此，有必要从另外一个角度来对钙处理工艺进行优化，从而调整钢中夹杂物成分的控制目标，进而实现管线钢 B 类夹杂物的稳定控制。

11.2.1 工艺优化前钢中夹杂物特征及优化思路

如第 3 章中所描述，X65 管线钢热轧板卷采用 KR 铁水预处理—300t 转炉—LF 精炼—钙处理—连铸—热轧工艺生产。LF 精炼过程采用高碱度还原性炉渣进行脱硫，碱度约为 10，精炼后喂入纯钙包芯线进行钙处理。软吹一定时间后再连铸成 230mm 厚的板坯，之后热轧成约 10mm 厚的板卷。分别取钢包浇注一半时的中间包钢水样和正常坯热轧板卷宽度中心试样，采用 ICP-AES 检测得到中间包钢水试样中的 Al_s 和 T. Ca 含量分别为 0.036% 和 28ppm，采用 LECO 氧氮氢分析仪检测得到中间包钢水试样中 T. O 和 T. N 含量分别为 10ppm 和 39ppm，采用 LECO 碳硫分析仪检测得到钢水中硫含量为 39ppm。然后采用 ASPEX 自动扫描电镜对钢中的非金属夹杂物进行检测，每个试样检测几百个夹杂物。

由图 3-5 和图 3-11 可见，中间包钢水和轧板中的夹杂物都是高 CaO 含量的 $CaO\text{-}Al_2O_3$，平均成分点大致落在靠近 CaO 一侧的 75% 液相线和 100% 液相线之间。

由图 3-14 和图 3-16 可知，轧板中条串状 B 类夹杂物多是大尺寸低熔点钙铝酸盐，要减少轧板中的 B 类夹杂物，必须控制钢中低熔点钙铝酸盐的生成。

B 类夹杂物的控制需要注意两方面：一是强化大尺寸夹杂物的去除，二是让夹杂物具有一定量的高熔点相，这样既能够保证钢液浇注过程不堵水口，也能够因为高熔点而促进夹杂物上浮去除，同时还能够减少夹杂物在轧制过程中的变形。虽然高 CaO 含量的夹杂物熔点也较高，但是存在如下不足：（1）喂钙量大，成本较高；（2）若钙处理工艺控制不稳定，或者钙处理后发生二次氧化，或者由于连铸过程化学平衡的移动都可能造成大尺寸低熔点钙铝酸盐的生成，造成轧板 B 类夹杂超标。因此，本节中提出减少喂钙量，将轧板中的夹杂物控制为靠近 Al_2O_3 一侧的含有一定高熔点相的 CaO-Al_2O_3 复合夹杂物。

11.2.2　优化工艺喂钙量的计算

图 11-13 所示为 1823K 温度下 MgO-Al_2O_3-CaO 三元系相图，虚线代表 1550℃下 50% 液相线，C 代表 CaO，A 代表 Al_2O_3，sp 代表尖晶石相，liq 代表液相，单独 M 代表 MgO。相较于 CaO-Al_2O_3 二元系，MgO 的存在确实扩展了完全和 50% 液相区的 CaO 与 Al_2O_3 的比值范围。在此三元系中，除了存在 CaO-Al_2O_3 二元系的相外，还存在 3 个高熔点相，即镁铝尖晶石（sp）、$2CaO \cdot 2MgO \cdot 16Al_2O_3$、$CaO \cdot 2MgO \cdot 8Al_2O_3$ 三个高熔点相。

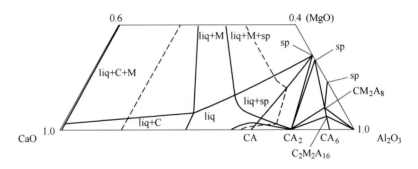

图 11-13　MgO-CaO-Al_2O_3 三元系相图

C—CaO；M—MgO；A—Al_2O_3；sp—尖晶石相；liq—液相；

虚线—1550℃此三元系 50% 液相线

为了更好地研究 MgO-Al_2O_3 类夹杂物的改性过程，本节使用了商业热力学软件 FactSage，选用的数据库包括 FToxide 及 FTmisc。计算的初始条件是 $T = 1823K$，T. Al = 400ppm，T. Mg = 5ppm，T. S = 12ppm，T. O = 20ppm。计算结果如图 11-14 所示，图 11-14（a）所示为随着钙含量的添加，夹杂物中各相的变化；图 11-14（b）所示为钙处理过程中钢液、尖晶石相、液态夹杂物中主要元素的变化。从图 11-14中可以看到，喂钙前钢中稳定的夹杂物相是尖晶石相，此尖晶石相中 Mg：Al 等于 1：3.34，是富铝的尖晶石而非 1：2.25（MgO·Al_2O_3 真尖晶石）。随着钙含量的添加，尖晶石中 MgO、Al_2O_3 逐渐被［Ca］还原，尖晶石中的 Mg、Al 元素含量迅速下降，依次生成了 $CaO \cdot 2MgO \cdot 8Al_2O_3$（$CM_2A_8$）和 $CaO \cdot 2Al_2O_3$（CA_2）。液相夹杂物中 MgO 的含量不足 5%，正是这少量的 MgO 含量扩展了夹杂物液相区，实现了较小的喂钙量来满足夹杂物改性的需要。随着喂钙量的增加，先后生成固态的 CaS 和 CaO，结束了完全液态。考虑钢液中镁的夹杂物改性较为复杂，计算的初始条件 T.Al、T.Mg、T.O 设定不同，图 11-13 中各相都有可能在夹杂物改性过程中出现。根据图 11-14 中夹杂物相和元素含量的变化，可以猜测 MgO-Al_2O_3 类夹杂物的改性机理可以用以下的化学反应平衡方程表示：

$$3[Mg] + (Al_2O_3)_{in} === 2[Al] + 3(MgO)_{in} \tag{11-5}$$

$$[Ca] + (MgO)_{in} === [Mg] + (CaO)_{in} \tag{11-6}$$

$$3[Ca] + (Al_2O_3)_{in} === 2[Al] + 3(CaO)_{in} \tag{11-7}$$

$$[Ca] + [S] === (CaS)_{in} \tag{11-8}$$

$$[Ca] + [O] === (CaO)_{in} \tag{11-9}$$

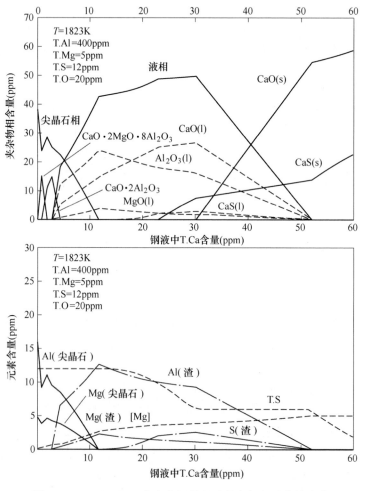

图 11-14　MgO-Al_2O_3 夹杂物钙处理过程中相和元素的变化

图 11-15 所示为通过 FactSage 计算得到的不同 T.Ca 条件下钢中不同夹杂物相的含量变化，计算时所用钢的成分为优化实验所用 X52 管线钢成分。在图中标出了三个窗口，其中窗口 A 为 100% 液相区，窗口 B 为高 CaO 或 CaS 含量一侧的 100% 液相结束至 50% 液相点所对应的 T.Ca 含量范围。在以往的研究中夹杂物的优化目标主要是窗口 B。而本研究提出夹杂物成分的改性目标为窗口 C，即高 Al_2O_3 一侧的 50% 液相点至 100% 液相开始点所对应的 T.Ca 含量范围。

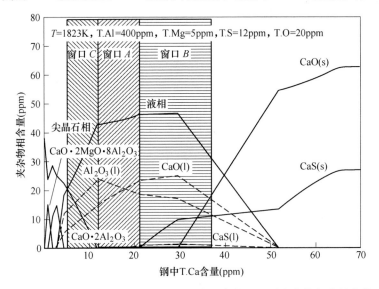

图 11-15　FactSage 计算得到的不同钙含量条件下不同夹杂物相含量变化

根据该厂管线钢的生产实际，喂钙量的计算基于钢中 T.Al 含量为 400ppm，T.Mg 含量为 5ppm。图 11-16 和图 11-17 所示分别是窗口 A 和窗口 C 的全钙含量的控制。左面代表窗口最小喂钙量，右面代表窗口最大喂钙量。现有的喂钙模型

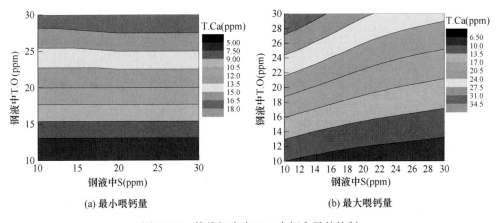

图 11-16　管线钢中窗口 A 全钙含量的控制

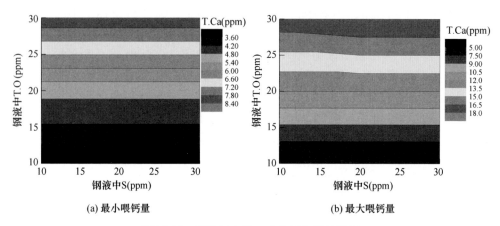

(a) 最小喂钙量　　　　　　　　　　(b) 最大喂钙量

图 11-17　管线钢中窗口 C 全钙含量的控制

只适用于平衡态下钢液中对应的全钙含量。若求实际生产中的喂钙量，还需要企业有一个稳定的喂钙线工艺，使钙的收得率保持稳定。由图可知，窗口 C 所对应的 T. Ca 含量范围为 5~12ppm。

11.2.3　优化后钢中夹杂物特征

11.2.3.1　渣、钢成分分析

采用相同工艺流程生产 X52 管线钢来开展钙处理优化试验。

表 11-2 为优化炉次精炼过程炉渣的主要成分含量，可见从脱硫后到软吹结束，顶渣的成分已经稳定，不再发生较大变化，CaO 约 50%，Al_2O_3 约 28%，SiO_2 约 5%，CaF_2 在 7%~8% 的范围，MgO 的含量在 7%~8% 范围内，第 3 炉 FeO 和 MnO 的含量和保持在 1% 以下。二元碱度维持在 10 左右，CaO/Al_2O_3 维持在 1.8 左右。

表 11-2　优化炉次 LF 精炼渣成分

试样	时间 （min）	CaO （%）	Al_2O_3 （%）	SiO_2 （%）	MgO （%）	MnO （%）	FeO （%）	CaF_2 （%）	碱度	C/A
LF 脱硫后	23	50.0	28.3	5.0	7.1	0.1	0.4	8.4	10.0	1.8
喂 Ca 后	38	50.3	28.4	4.9	7.9	0.1	0.5	7.4	10.3	1.8
LF 出站	51	50.1	28.7	4.9	7.8	0.1	0.4	7.3	10.2	1.7

图 11-18 所示是优化后炉次冶炼过程中钢液中 Al_s、T. Ca、T. Mg、T. S 含量的变化。脱硫后钢液中 T. S 维持在 12ppm 左右。T. Mg 含量在 15ppm 上下。由于精炼过程中的调铝，钢液中 Al_s 含量在精炼过程中不断上升，精炼结束，出站前钢液中 Al_s 含量达到 520ppm，但在钢包浇注一半时，中间包钢液中测量的 Al_s 含

量迅速下降到 420ppm，在后续的浇注及铸坯中基本维持不变。脱硫后，喂钙前，钢中 T. Ca 含量已经达到 28ppm 左右，根据此时的夹杂物成分分布，造成这么高的 T. Ca 可能是取样时炉渣卷入所致。而喂钙后 2min 钢液中 T. Ca 的测量值是 23ppm，软吹 12min，精炼结束时钢液中 T. Ca 是 31ppm。由于连铸过程中钙的挥发，在钢包浇注一半时，中间包钢液中 T. Ca 的含量降低到 9ppm 左右，随后基本保持不变，铸坯中 T. Ca 含量为 8ppm。

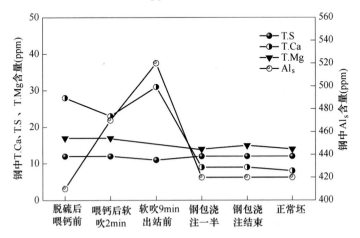

图 11-18　优化炉次钢液中 Al$_s$、T. Ca、T. S、T. Mg 含量变化

　　图 11-19 和图 11-20 所示分别是冶炼过程中钢中 T. O 和 T. N 含量的变化，喂钙前钢液中 T. O 含量是 15.3ppm，喂钙后软吹过程钢液中 T. O 含量是一个增加

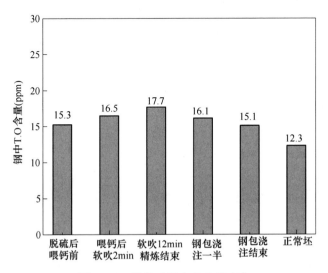

图 11-19　优化后钢中 T. O 的变化

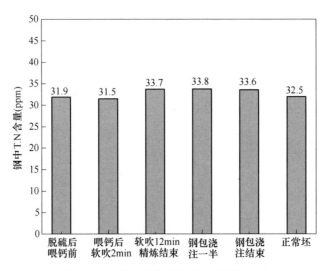

图 11-20　优化后钢液中 T. N 含量变化

的过程，软吹结束，钢中 T. O 达到 17.7ppm。在连铸过程中取得中间包样和铸坯样中 T. O 含量不断下降，正常坯中为 12.7ppm。T. N 在整个冶炼过程中变化不大，最小值 31.5ppm，最大值 33.8ppm。

11.2.3.2　夹杂物转变

图 11-21 所示是冶炼及浇注过程中夹杂物的成分演变，图 11-22 所示是夹杂物平均成分的变化，精炼过程夹杂物的变化规律是 $MgO\text{-}Al_2O_3 \rightarrow CaO\text{-}Al_2O_3$。喂钙前钢中夹杂物主要类型是 $MgO\text{-}Al_2O_3$ 类和部分 $MgO\text{-}Al_2O_3\text{-}CaO$ 类夹杂物，平均成分中 CaO 含量大概 5%。随着渣钢传质及喂钙线，夹杂物不断向低熔点区移动。精炼结束时，夹杂物平均成分点在 $MgO\text{-}CaO\text{-}Al_2O_3$ 三元系 100% 液相区边缘，相当一部分夹杂物成分点进入低熔点区，小尺寸的反应更接近平衡，夹杂物改性更充分。中间包浇注中后期钢液与夹杂物之间达到一个相对平衡，夹杂物成分不再发生明显变化，浇注快结束时，中间包钢液中夹杂物平均成分是 MgO 11.7%、Al_2O_3 41.4%、CaO 41.9%、CaS 5.0%。

从中间包到铸坯夹杂物的成分发生明显变化，从低熔点钙铝酸盐变成 $MgO\text{-}Al_2O_3\text{-}CaO\text{-}CaS$ 的复合夹杂物，Al_2O_3、MgO、CaS 含量升高，CaO 含量降低，最终铸坯中夹杂物平均成分是 MgO 22.2%、Al_2O_3 58.7%、CaO 5.2%、CaS 13.9%。中间包到铸坯，钢液中 T. Ca、T. O、T. S 含量基本无变化，因此夹杂物的转变可排除二次氧化和钙的损失及偏析的影响，而是由于随温度的降低平衡发生移动所致。

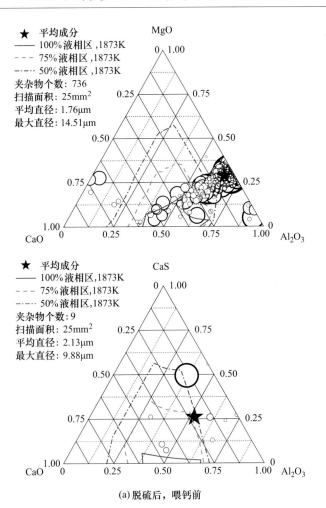

(a) 脱硫后，喂钙前

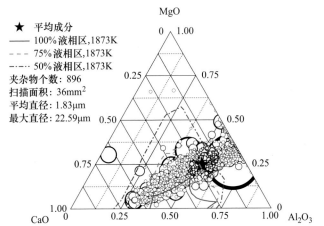

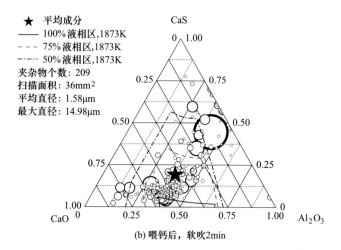

(b) 喂钙后，软吹2min

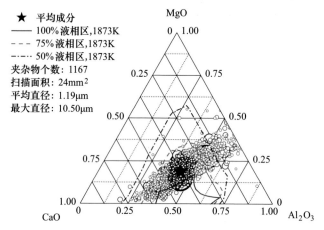

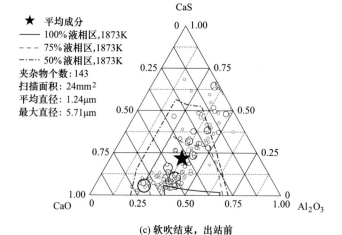

(c) 软吹结束，出站前

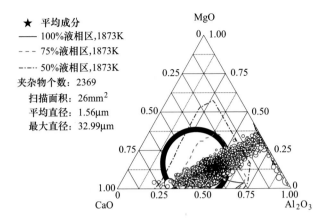

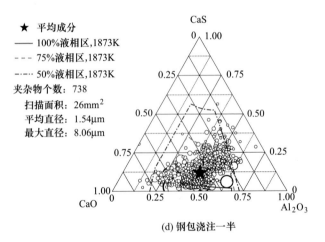

(d) 钢包浇注一半

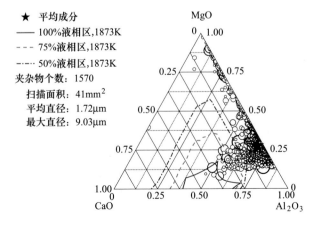

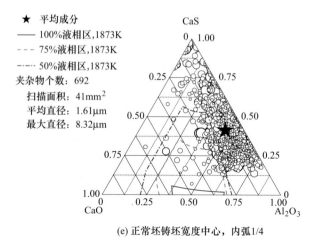

(e) 正常坯铸坯宽度中心，内弧1/4

图 11-21　冶炼及浇注过程夹杂物成分演变

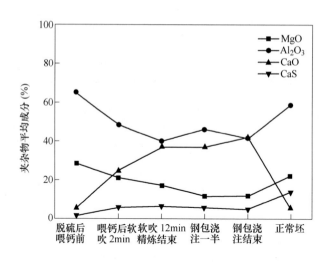

图 11-22　优化炉次夹杂物平均成分的变化

　　图 11-23 和图 11-24 所示分别为反映夹杂物数量的数密度和面积分数在冶炼过程中的变化。图 11-25 所示为夹杂物平均尺寸在冶炼过程中的变化。精炼过程，喂钙前后夹杂物数密度基本不变，面积分数增大，平均尺寸增大；软吹阶段夹杂物数密度增大，面积分数减小，平均尺寸减小；钢包浇注一半时，夹杂物数密度和面积分数较精炼结束时都增加明显，钢包浇注结束时，又有所下降，但面积分数仍高于精炼结束，夹杂物平均尺寸在连铸过程中一直在不断增加。

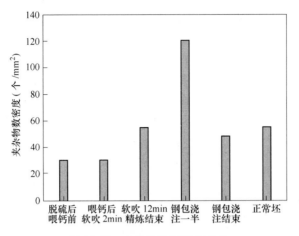

图 11-23　夹杂物数密度的变化

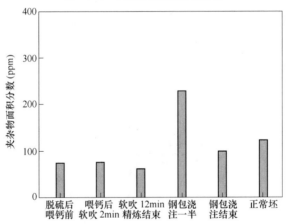

图 11-24　夹杂物面积分数的变化

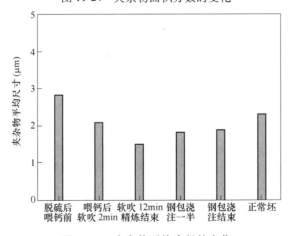

图 11-25　夹杂物平均直径的变化

图 11-26 和图 11-27 所示分别为优化炉次正常坯对应轧板宽度方向边部和中心平行于轧制方向的 ASPEX 夹杂物扫描检测结果，扫描尺寸设置为大于 3μm，扫描面积分别是 81.9mm² 和 88.5mm²。两处夹杂物的成分相似，与正常坯宽度中心、内弧 1/4 处的也保持一致，大部分为 MgO-Al₂O₃-CaO-CaS 的复合夹杂物，夹杂物的平均成分在靠近 Al₂O₃ 的 50% 液相线以外。大尺寸的夹杂物多是低熔点钙铝酸盐。

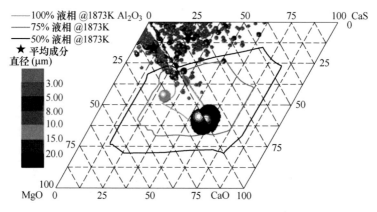

图 11-26　优化炉次正常坯对应轧板边部夹杂物成分（扫描面积 81.9mm²，夹杂物个数 259）

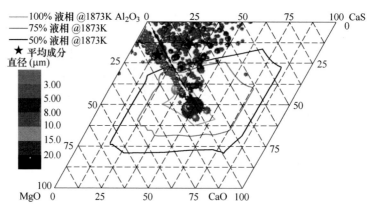

图 11-27　优化炉次正常坯对应轧板中心夹杂物成分（扫描面积 88.5mm²，夹杂物个数 310）

钙处理优化炉次轧板中典型较大尺寸夹杂物形貌如图 11-28 所示，大致可以分为 4 类：一类是球状的低熔点钙铝酸盐，如夹杂物（图 11-28(a)、(b)），一类是形状不规则的镁铝尖晶石夹杂物，如夹杂物（图 11-28 (d)），一类是主要由低熔点钙铝酸盐和镁铝尖晶石组成的复合夹杂物，如夹杂物（图 11-28 (e)、(f)），最后一类是条串状的 B 类夹杂物，如夹杂物（图 11-28 (c)）。可见此时轧板中大部分夹杂物在轧制过程中基本没发生变形，只在轧板中观察到个别的点链状夹杂物，且由于熔点较高，呈现轧碎的形态，这与钙处理优化前呈现出的较为连续的形貌存在明显差异。图 11-29 所示为钙处理优化后轧板中典型的未变形

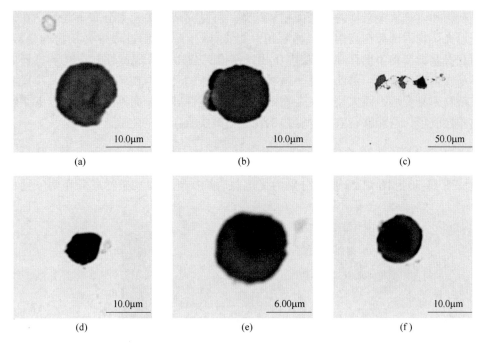

图 11-28　钙处理优化后轧板中典型较大尺寸夹杂物形貌

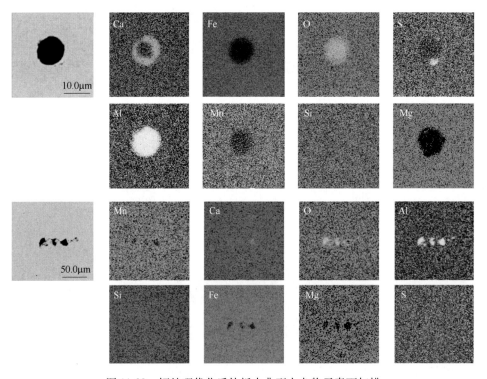

图 11-29　钙处理优化后轧板中典型夹杂物元素面扫描

夹杂物和点链状夹杂物的元素面扫描结果。可见夹杂物中元素分布不均匀，在未变形夹杂物内部存在高熔点尖晶石相，能够有效阻碍轧制过程中夹杂物的变形，而点链状夹杂物中也存在一高 MgO 相，使得夹杂物部分成脆性，在轧制过程中不易发生塑性变形。由此可见，这类包含高熔点的夹杂物在轧制过程中，小尺寸夹杂物不易变形，而大尺寸夹杂物则主要发生脆性破碎，而不同于低熔点夹杂物的塑性变形，这能够有效减少管线钢轧板中 B 类夹杂物的生成。

11.2.3.3　优化前后轧板夹杂物对比

图 11-30 和图 11-31 所示分别为优化前后炉次轧板中夹杂物成分在两三元相

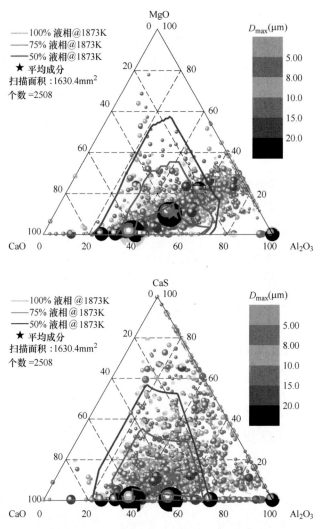

图 11-30　原工艺轧板中>5μm 的夹杂物（扫描面积 1630.4mm²，夹杂物个数 2508）

图中的分布。由图可知，原工艺大于 5μm 的夹杂物平均成分落在 MgO-CaO-Al₂O₃ 三元系相图 100% 液相区内部，以及 CaS-CaO-Al₂O₃ 三元系相图 100% 液相区外部上方，CaS 相对含量在 10% 左右，大于 20μm 的大尺寸夹杂物多落在 50% 液相区以内，优化工艺炉次轧板较原工艺炉次轧板中大于 5μm 的夹杂物数密度和尺寸都更小，优化工艺炉次大于 5μm 夹杂物平均成分点落在 MgO-CaO-Al₂O₃ 三元系 50% 液相区外靠近 Al₂O₃ 一侧。

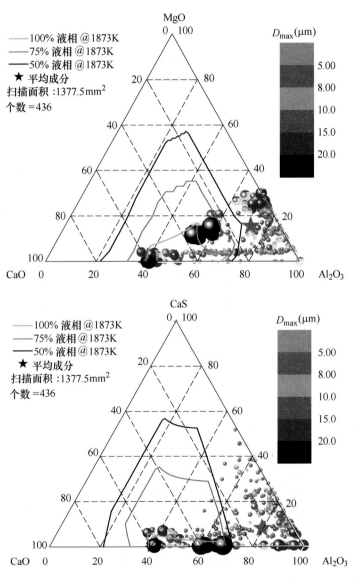

图 11-31　优化工艺轧板中>5μm 的夹杂物（扫描面积 1377.5mm²，夹杂物个数 436）

图 11-32 所示为钙处理工艺优化前后炉次轧板中夹杂物形态对比，定义了夹杂物长宽比来表征夹杂物的变形。由图可见，在原钙处理工艺条件下，长宽比大于 3 所占比例为 17.5%，其中长宽比 5 以上占 3.6%，此外还有 0.5% 长宽比 10 以上的夹杂物。而钙处理工艺优化后，长宽比低于 3 的比例增至 97.1%，基本上没有长宽比大于 5 的夹杂物，钢轧制过程夹杂物的变形明显减弱，轧材中 B 类夹杂物得到了很好的控制。

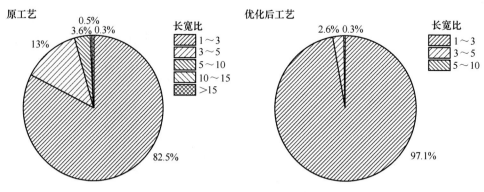

图 11-32   钙处理工艺优化前后轧板中夹杂物形态对比

图 11-33 和图 11-34 所示分别为钙处理工艺优化前后炉次轧板中 >5μm 夹杂物数密度和面积分数对比。在原钙处理工艺条件下，轧板中 5μm 以上夹杂物数密度约为 1.6 个/mm²，面积分数大于 30ppm；而优化后轧板中 5μm 以上夹杂物数密度降至 0.3 个/mm² 左右，面积分数低于 10ppm。可知，降低喂钙量后，也能一定程度上有效减少大尺寸夹杂物的数量密度和面积分数。这可能一方面是因为喂钙量降低后由于钙处理本身生成的大尺寸夹杂物减少；另一方面因为夹杂物熔点升高，有利于大尺寸夹杂物的碰撞聚合及上浮去除。

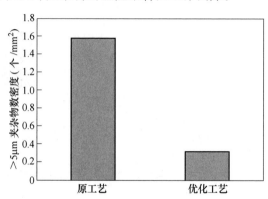

图 11-33   钙处理工艺优化前后轧板中 >5μm 夹杂物数密度对比

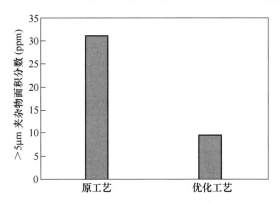

图 11-34　优化前后轧板中直径大于 5μm 夹杂物面积百分数的对比

11.2.4　小结

（1）钙处理过量造成了大尺寸钙铝酸盐的形成，从而导致 B 类夹杂物超标。

（2）将夹杂物成分的改性目标调整为含部分液相的高 Al_2O_3 夹杂物，即高 Al_2O_3 一侧的 50% 液相点至 100% 液相开始点所对应的范围，据此提出了低钙含量的钙处理优化工艺。

（3）钙处理工艺优化后，夹杂物主要为高 Al_2O_3 含量的 $CaO\text{-}Al_2O_3$，大部分夹杂物在轧制过程中基本未发生变形，轧材中 B 类夹杂物得到了很好的控制。

12 管线钢中非金属夹杂物控制的关键问题

管线钢中夹杂物的控制主要包含去除和成分控制两个方面：

减少钢中夹杂物的数量和尺寸是夹杂物控制的首要原则。在夹杂物去除方面采取的措施包括：（1）出钢过程尽量一次性加入足够的铝，以使脱氧后 Al_2O_3 夹杂物尺寸更大，且具有更长的时间来上浮去除。（2）采用合适的精炼渣，以促进炉渣对钢中夹杂物的吸附去除，需将炉渣碱度和 CaO/Al_2O_3 控制在合适的范围。（3）采用合适的吹氩制度和吹气口布置，以促进气泡对钢中夹杂物的浮选去除。（4）还要注意耐火材料质量的把控和连铸过程二次氧化的发生，以减少外来大尺寸夹杂物的生成。

在管线钢夹杂物成分控制方面，根据钢种和焊接工艺的要求，控制不同的夹杂物成分，如控制低 CaO 或者高 CaO 的钙铝酸盐类型、控制 CaO-CaS 类型或者控制 Al_2O_3+CaS 类型等。要实现夹杂物的精确控制，采取的措施主要包括：（1）造合适的精炼渣，如高碱度还原性渣，以促进渣钢反应，实现夹杂物的改性和超低硫的生产。（2）合理的钢液成分，如钢中全氧、铝和硫含量，根据不同的夹杂物控制目标，需要控制合理的钢中全氧、铝和硫含量。（3）精准的钙处理工艺，需根据钢液成分、温度、洁净度、夹杂物控制目标以及钙线种类和收得率等，进行精准的钙处理操作。（4）钙处理后足够的软吹时间，以促进钙处理中间产物 CaS 的回溶。

此外，也要认识到钢液凝固和冷却过程中夹杂物成分、尺寸和数量的转变，在设计管线钢夹杂物控制要点时需要进一步提升相关认识，将固态条件下的夹杂物转变加以考虑；同时还要关注合金对夹杂物成分的影响。各个企业应该对自身所用的合金洁净度有清晰认识，才能实现管线钢的高品质生产。

参 考 文 献

[1] Gray J. An independent view of linepipe and linepipe steel for high strength pipelines：how to get pipe that's right for the job at the right price [C]. API X-80 Pipeline Cost Workshop, Hobart, Australia, 2002.

[2] 郑瑞，李铁军. 我国管线钢的生产与发展 [J]. 重型机械科技，2003，10（4）：47-51.

[3] 郑磊，傅俊岩. 高等级管线钢的发展现状 [J]. 钢铁，2006，41（10）：1-10.

[4] 张斌，钱成文，王玉梅，等. 国内外高钢级管线钢的发展及应用 [J]. 石油工程建设，2012，38（1）：1-4.

[5] 姜敏，支玉明，刘卫东，等. 我国管线钢的研发现状和发展趋势 [J]. 上海金属，2009，31（6）：42-46.

[6] 江海涛，康永林，于浩，等. 国内外高钢级管线钢的开发与应用 [J]. 管道技术与设备，2005（5）：24-27.

[7] 庄传晶，冯耀荣，霍春勇，等. 国内X80级管线钢的发展及今后的研究方向 [J]. 焊管，2005，28（2）：10-14.

[8] 张庆国. 管线钢的发展趋势及生产工艺评述 [J]. 河北冶金，2003（5）：12-17.

[9] 高惠临，张骁勇，冯耀荣，等. 管线钢的研究进展 [J]. 机械工程材料，2009，33（10）：1-4.

[10] 高惠临，董玉华，周好斌. 管线钢的发展趋势与展望 [J]. 焊管，1999，22（3）：6-10.

[11] 高惠临. 管线钢与管线钢管 [M]. 北京：中国石化出版社，2012.

[12] 杨伶俐. 管线钢钢水洁净度及夹杂物改性研究 [D]. 北京：北京科技大学，2006.

[13] 郭斌，孔君华，郑琳，等. 武钢管用钢研发的新进展 [C]. 全国薄板宽带生产技术信息交流会，2013.

[14] 杨小刚，张立峰，任英，等. 含钛微合金钢的高温热塑性及断裂机理 [J]. 工程科学学报，2016，38（6）：805-811.

[15] Farrar R A, Harrison P L. Acicular ferrite in carbon-mangnese weld metals：An overview [J]. Journal of Materials Science, 1987, 22（11）：3812-3820.

[16] 张彩军，蔡开科. 管线钢的性能要求与炼钢生产特点 [J]. 炼钢，2002，18（5）：40-46.

[17] 张彩军，蔡开科，袁伟霞，等. 管线钢的性能要求与炼钢生产特点 [J]. 炼钢，2002，18（5）：40-46.

[18] 王德永，闵义，刘承军，等. 管线钢LF精炼过程夹杂物行为研究 [J]. 钢铁，2007，42（4）：30-33.

[19] 林路，包燕平，刘建华，等. RH-喂线钙处理的管线钢X80非金属夹杂物变性效果分析 [J]. 特殊钢，2010，31（5）：51-54.

[20] 李强，王新华，黄福祥，等. X80管线钢LF-RH二次精炼过程夹杂物行为及控制 [J]. 特殊钢，2011，32（4）：26-30.

[21] 蒋育翔，焦兴利. X80管线钢夹杂物控制工艺的研究 [J]. 特殊钢，2011，32（1）：36-39.

［22］ Koide T, Kondo H, Itadani S. Development of high performance ERW pipe for linepipe ［J］. JFE Technical Report, 2006: 27-32.

［23］ 蒋晓放, 郑贻裕, 黄宗泽. 宝钢洁净钢生产技术的发展与进步 ［C］. 第三届中德（欧）冶金技术研讨会, 2011.

［24］ 镇凡, 刘静, 黄峰, 等. 夹杂物对 X120 管线钢氢致开裂的影响 ［J］. 中国腐蚀与防护学报, 2010, 30 (2): 145-149.

［25］ 尹成先. X70 管线钢氢致开裂及应力腐蚀行为研究 ［D］. 西安: 西安建筑科技大学, 2003.

［26］ 王亚男, 王春怀, 唐继权, 等. X65 管线钢抗 H_2S 腐蚀的试验研究 ［J］. 东北大学学报（自然科学版）, 2004, 25 (5): 420-423.

［27］ 李云涛, 杜则裕, 陶勇寅, 等. X70 管线钢硫化氢应力腐蚀 ［J］. 焊接学报, 2003, 24 (3): 76-78.

［28］ 李金玲, 刘伟, 王翼鹏, 等. 管线钢裂纹萌生及其扩展的研究 ［J］. 材料与冶金学报, 2014, 13 (3): 171-176.

［29］ 高鑫. X70/80 抗 HIC 管线钢的开发与研究 ［D］. 沈阳: 东北大学, 2010.

［30］ 张立峰. 钢中非金属夹杂物几个需要深入研究的课题 ［J］. 炼钢, 2016 (4): 1-16.

［31］ Long M, Zuo X, Zhang L, et al. Kinetic Modeling on Nozzle Clogging During Steel Billet Continuous Casting ［J］. ISIJ International, 2010, 50 (5): 712-720.

［32］ Zhang L, Thomas B G. State of the Art in the Control of Inclusions during Steel Ingot Casting ［J］. Metallurgical and Materials Transactions B, 2006, 37 (5): 733-761.

［33］ Zhang L, Thomas B G. Alumina inclusion behavior during steel deoxidation ［C］. 7th European Electric Steelmaking Conference. Venice, Italy: Associazione Italiana di Metallurgia, Milano, Italy, 2002: 2.77-2.86.

［34］ Zhang L, Cai K. Effect of tundish constructure on cleaness of molten steel ［J］. Steelmaking, 1997 (6): 45-48.

［35］ Zhang L. Fluid flow and inlcusion removal in molten steel continuous casting stands ［J］. Fifth International Conference on CFD in the Process Industries CSIRO, Melbourne, Australia, 2006: 1-9.

［36］ Pielet H M, Bhattacharya D. Thermodynamics of nozzle blockage in continuous casting of calcium-containing steels ［J］. Metallurgical Transactions B, 1984, 15 (3): 547-562.

［37］ Andersson M, Appelberg J, Tilliander A, et al. Some aspects on grain refining additions with focus on clogging during casting ［J］. ISIJ International, 2006, 46 (6): 814-823.

［38］ Kim D S, Song H S, Lee Y D, et al. Clogging of the submerged entry nozzle during the casting of titanium bearing stainless steels ［C］. 80th Steelmaking Conference. 1997: 145-152.

［39］ Farrell J W, Hilty D C. Steel Flow Through Nozzles: Influence of Deoxidizers (Retroactive Coverage) ［C］. Electric Furnace Proceedings, 1971, 29: 31-46.

［40］ Thomas B G, Huang X, Sussman R C. Simulation of Argon Gas Flow Effects in a Continuous Slab Caster ［J］. Metallurgical and Materials Transactions B, 1994, 25 (4): 527-547.

［41］ 李树森, 任英, 张立峰, 等. 管线钢精炼过程中夹杂物 CaO 和 CaS 的研究 ［J］. 北京科

技大学学报, 2014, 36 (S1): 168-172.

[42] Vermeulen Y, Coletti B, Blanpain B, et al. Material Evaluation to Prevent Nozzle Clogging during Continuous Casting of Al Killed Steels [J]. ISIJ International, 2002, 42 (11): 1234-1240.

[43] Lankford W T, Samways N L, Craven R F, et al. The making, shaping and treating of steel, Association of Iron and Steel Engineers [C]. Secondary Steelmaking or Ladle Metallurgy. Pittsburgh, PA, 1985: 671-690.

[44] Szekeres E S. Review of strand casting factors affecting steel product cleanliness [J]. Clean Steel, 1992 (4): 756-776.

[45] Uemura K-I, Takahashi M, Koyama S, et al. Filtration Mechanism of Non-metallic Inclusions in Steel by Ceramic Loop Filter [J]. ISIJ International, 1992, 32 (1): 150-156.

[46] Sinha A K, Sahai Y. Mathematical Modeling of Inclusion Transport and Removal in Continuous Casting Tundishes [J]. ISIJ International, 1993, 33 (5): 556-566.

[47] Taniguchi S, Brimacombe J K. Application of pinch force to the separation of inclusion particles from liquid steel [J]. ISIJ International, 1994, 34 (9): 722-731.

[48] Byrne M, Fenicle T W, Cramb A W. The Sources of Exogenous Inclusions in Continuous Cast, Aluminum-Killed Steels [J]. ISS Transactions, 1989, 10: 51-60.

[49] Meadowcr T R, Milbourn R J. New process for continuously casting aluminum killed steel [J]. Journal of metals, 1971, 23 (6): 11.

[50] Heaslip L J, Sommerville I D, McLean A, et al. Model study of fluid flow and pressure distribution during SEN injection—potential for reactive metal additions during continuous casting [J]. Iron Steel Maker, 1987, 14 (8): 49-64.

[51] Sasaka I, Harada T, Shikano H, et al. Improvement of porous plug and bubbling upper nozzle for continuous casting [C]. Steelmaking Conference Proceeding. 1991, 74: 349-356.

[52] Tai M, Chen C, Chou C. Development and Benefits of Four-Port Submerged Nozzle for Bloom Continuous Casting [J]. Continuous Casting'85, 1985, 19.

[53] Cameron S R. The reduction of tundish nozzle clogging during continuous casting at dofasco [C]. Steelmaking Conference Proceedings. , 1992, 75: 327-332.

[54] Dawson S. Tundish nozzle blockage during the continuous casting of aluminum-killed steel [C]. Steelmaking Conference Proceedings. , 1990, 73: 15-31.

[55] Tsukamoto N, Ichikawa K, Iida E, et al. Improvement of submerged nozzle design based on water model examination of tundish slide gate [C]. Steelmaking Conference Proceeding, 1991, 74: 803-808.

[56] Evich L I, Kalita G E, Sizova E K, et al. Experience in the use of chamotte nozzles in slide gates in teeming of stainless steel [J]. Refractories, 1985, 26 (11-12): 636-638.

[57] 马传凯, 温铁光, 姜振生. 无碳防堵塞浸入式水口的开发 [J]. 钢铁, 2004, 39 (S9): 652-654.

[58] Tuttle R B, Smith J D, Peaslee K D. Interaction of alumina inclusions in steel with calcium-containing materials [J]. Metallurgical and Materials Transactions B, 2005, 36 (6):

885-892.

[59] Lu D, Irons A, Lu W. Kinetics and mechanisms of calcium dussolution and modification of oxide and sulphide inclusions in steel [J]. Ironmaking & Steelmaking, 1994, 21 (5): 362-371.

[60] Holappa L, Hamalainen M, Liukkonen M, et al. Thermodynamic Examination of Inclusion Modification and Precipitation from Calcium Treatment to Solidified Steel [J]. Ironmaking and Steelmaking, 2003, 30 (2): 111-115.

[61] Ayata K, Mori H, Taniguchi K, et al. Low Superheat Teeming with Electromagnetic Stirring [J]. ISIJ International, 1995, 35 (6): 680-685.

[62] Kadar L, Biringer P P, Lavers J D. Modification of the nozzle flow using injected DC current [J]. IEEE Transactions on Magnetics, 1995, 31 (3): 2080-2083.

[63] 韩至成. 电磁冶金学 [M]. 北京: 冶金工业出版社, 2001.

[64] 李少华, 曾燕屏, 仝珂. 疲劳载荷作用下 X80 管线钢夹杂物的微观行为 [J]. 石油学报, 2012, 33 (3): 506-512.

[65] 邓伟, 高秀华, 秦小梅, 等. X80 管线钢的冲击断裂行为 [J]. 金属学报, 2010, 46 (5): 533-544.

[66] Uchida S, Masaoka T, Atkinson H V. Production of super clean steel by slab continuous casting process [J]. Nippon Kokan Technical Report, 1982, 36 (1): 42-54.

[67] Carneiro R, Ratnapuli R, Lins V. The influence of chemical composition and microstructure of API linepipe steels on hydrogen induced cracking and sulfide stress corrosion cracking [J]. Materials Science and Engineering: A, 2003, 357 (1): 104-110.

[68] Domizzi G, Anteri G, Ovejero-Garcia J. Influence of Sulphur Content and Inclusion Distribution on the Hydrogen Induced Blister Cracking in Pressure Vessel and Pipeline Steels [J]. Corrosion Science, 2001, 43 (2): 325-339.

[69] 王博, 姜周华, 姜茂发. 镁铝合金处理 GCr15 轴承钢夹杂物的变质 [J]. 中国有色金属学报, 2006, 16 (10): 1736-1742.

[70] 魏立国, 彭勇, 徐惟诚, 等. X52 管线钢探伤不合的分析 [J]. 宽厚板, 2007, 6 (1): 4-8.

[71] 王谦, 迟景灏. 连铸含铝钢中 Al_2O_3 夹杂与结晶器保护渣的作用 [J]. 四川冶金, 1991, 13 (3): 46-53.

[72] 栾燕. 钢中非金属夹杂物标准图谱及评定方法的发展动态 [J]. 冶金标准化与质量, 1999, 37 (2): 8-11.

[73] 李永东, 王文军, 朱志远, 等. 管线钢非金属夹杂物控制研究 [J]. 首钢科技, 2009, 1 (2): 6-10.

[74] 张卫华, 陈小伟, 闻康, 等. X80 管线钢中非金属夹杂物的检验及其对钢性能的影响 [J]. 理化检验: 物理分册, 2009, 1 (10): 628-632.

[75] Hayashi A, Uenishi T, Kandori H, et al. Aluminum Deoxidation Equilibrium of Molten Fe-Ni Alloy Coexisting with Alumina or Hercynite [J]. ISIJ International, 2008, 48 (11): 1533-1541.

［76］ Yang W, Wang X, Zhang L, et al. Characteristics of Alumina-Based Inclusions in Low Carbon Al-Killed Steel under No-Stirring Condition ［J］. Steel Research International, 2013, 84（9）: 878-891.

［77］ Yang W, Wang X, Zhang L, et al. Characteristics of Alumina-Based Inclusions in Low Carbon Al-killed Steel under No-Stirring Condition ［J］. Steel Research International, 2013: 878-891.

［78］ Jung I-H, Decterov S A, Pelton A D. Computer Applications of Thermodynamic Databases to Inclusion Engineering ［J］. ISIJ International, 2004, 44（3）: 527-536.

［79］ Sakata K. Technology for Production of Austenite Type Clean Stainless Steel ［J］. ISIJ International, 2006, 46（12）: 1795-1799.

［80］ Park J H, Todoroki H. Control of MgO · Al_2O_3 Spinel Inclusions in Stainless Steels ［J］. ISIJ International, 2010, 50（10）: 1333-1346.

［81］ Brabie V. Mechanism of Reaction between Refractory Materials and Aluminum Deoxidized Molten Steel ［J］. ISIJ International, 1996, 36（1）: S109-S112.

［82］ Okuyama G, Yamaguchik, Takeuchi S, et al. Effect of slag composition on the kinetics of formation of Al_2O_3 – MgO inclusions in aluminum killed ferritic stainless steel ［J］. ISIJ International, 2000, 40（1）: 121-128.

［83］ Itoh H, Hino M, Ban-Ya S. Thermodynamics on the Formation of Spinel Nonmetallic Inclusion in Liquid Steel ［J］. Metallurgical and Materials Transactions B, 1997, 28（5）: 953-956.

［84］ Fujii K, Nagasaka T, Hino M. Activities of the Constituents in Spinel Solid Solution and Free Energies of Formation of MgO, MgO · Al_2O_3 ［J］. ISIJ International, 2000, 40（11）: 1059-1066.

［85］ Seo W-G, Han W-H, Kim J-S, et al. Deoxidation Equilibria among Mg, Al and O in Liquid Iron in the Presence of MgO-Al_2O_3 Spinel ［J］. ISIJ International, 2003, 43（2）: 201-208.

［86］ Ohta H, Suito H. Deoxidation Equilibria of Calcium and Magnesium in Liquid Iron ［J］. Metallurgical and Materials Transactions B, 1997, 28（6）: 1131-1139.

［87］ Yang S, Wang Q, Zhang L, et al. Formation and Modification of MgO · Al_2O_3-Based Inclusions in Alloy Steels ［J］. Metallurgical and Materials Transactions B, 2012, 43（4）: 731-750.

［88］ Zhang L, Thomas B G. State of the Art in Evaluation and Control of Steel Cleanliness ［J］. ISIJ International, 2003, 43（3）: 271-291.

［89］ 胡文豪, 袁永, 刘骁, 等. 酸溶铝在钢中行为的探讨 ［J］. 钢铁, 2003, 38（7）: 42-44.

［90］ 龚伟. 连铸轴承钢氧含量和夹杂物控制研究 ［D］. 沈阳: 东北大学, 2006.

［91］ Ende M V, Guo M, Proost J, et al. Formation and morphology of Al_2O_3 inclusions at the onset of liquid Fe deoxidation by Al addition ［J］. ISIJ International, 2011, 51（1）: 27-34.

［92］ Ende M A V, Guo M X, Zinngrebe E, et al. Morphology and growth of alumina inclusions in Fe-Al alloys at low oxygen partial pressure ［J］. Ironmaking & Steelmaking, 2009, 36（3）: 201-208.

［93］ Wakoh M, Sano N. Behavior of alumina inclusions just after deoxidation ［J］. ISIJ

International, 2007, 47 (5): 627-632.

[94] Ohta H, Suito H. Effects of dissolved oxygen and size distribution on particle coarsening of deoxidation product [J]. ISIJ International, 2006, 46 (1): 42-49.

[95] Suito H, Ohta H. Characteristics of particle size distribution in early stage of deoxidation [J]. ISIJ International, 2006, 46 (1): 33-41.

[96] 姜周华, 袁伟霞. 精炼渣成分对钢中夹杂物影响的实验研究 [C]. 中国金属学会 2003 中国钢铁年会论文集, 2003, 2 (3): 46-50.

[97] Yin H, Shibata H, Emi T, et al. Characteristics of agglomeration of various inclusion particles on molten steel surface [J]. ISIJ International, 1997, 37 (10): 946-955.

[98] Wikström J, Nakajima K J, Shibata H, et al. In situ studies of agglomeration between Al_2O_3-CaO inclusions at metal/gas, metal/slag interfaces and in slag [J]. Ironmaking & Steelmaking, 2008, 35 (8): 589-599.

[99] Wang Y, Sridhar S, Valdez M. Formation of CaS on Al_2O_3-CaO inclusions during solidification of steels [J]. Metallurgical and Materials Transactions B, 2002, 33 (4): 625-632.

[100] 牟红霞, 姜江, 赵晓栋, 等. 钢中大尺寸稀土夹杂物的金相和透射电镜观察分析 [J]. 稀土, 2008, 29 (5): 68-71.

[101] 李伟坚. 超纯铁素体不锈钢硅铝复合脱氧机理及夹杂物研究 [D]. 沈阳: 东北大学, 2010.

[102] Holz K, Rossi J, Yang Y D, et al. 管线钢夹杂物检测与分析 [C]. 2007 中国钢铁年会论文集, 2007: 892-893.

[103] Zhang L, Taniguchi S. Fundamentals of inclusion removal from liquid steel by bubble flotation [J]. International Materials Reviews, 2000, 45 (2): 59-82.

[104] Zhang L, Oeters F. Mathematical nodeling of alloy melting in steel melts [J]. Steel Research, 1999, 70 (4+5): 128-134.

[105] Zhang L, Aoki J, Thomas B G. Inclusion Removal by Bubble Flotation in a Continuous Casting Mold [J]. Metallurgical and Materials Transactions B, 2006, 37 (3): 361-379.

[106] Zhang L, Aoki J, Thomas B G. Inclusion removal by bubble flotation in continuous casting mold [C]. MS&T Conference Proceedings. New Orleans, LA: AIST, 2004: 161-177.

[107] 张立峰, 李燕龙, 任英. 钢中非金属夹杂物的相关基础研究 (Ⅰ)——非稳态浇注中的大颗粒夹杂物和钢液中夹杂物的形核长大、运动碰撞、捕捉去除 [J]. 钢铁, 2013, 48 (11): 1-10.

[108] 任英, 张立峰, 李燕龙, 等. 底吹氩钢包内钢液流动与合金扩散的数值模拟 [J]. 钢铁研究学报, 2014, 26 (7): 28-34.

[109] 倪冰, 狄瞻霞, 罗志国, 等. 底吹氩钢包内钢液流动和混合数值模拟的应用 [J]. 炼钢, 2008, 24 (4): 40-42.

[110] Lou W, Zhu M. Numerical simulations of inclusion behavior and mixing phenomena in gas-stirred ladles with different arrangement of tuyeres [J]. ISIJ International, 2014, 54 (1): 9-18.

[111] Zhang L. Mathematical simulation of fluid flow in gas-stirred liquid systems [J]. Modelling and

Simulation in Materials Science and Engineering, 2000, 8 (4): 463-476.

[112] Zhang L, Taniguchi S. Fundamentals of inclusion removal from liquid steel by bubble flotation [J]. International Materials Reviews, 2000, 45 (24): 59-82.

[113] Wang L, Haegeon L, Hayes P. Prediction of the optimum bubble size for inclusion removal from molten steel by flotation [J]. ISIJ International, 1996, 36 (1): 7-16.

[114] 薛正良，王义芳，王立涛，等. 用小气泡从钢液中去除夹杂物颗粒 [J]. 金属学报，2003, 39 (4): 431-434.

[115] Lou W, Zhu M. Numerical simulations of inclusion behavior in gas-stirred ladles [J]. Metallurgical and Materials Transactions B, 2013, 44 (3): 762-782.

[116] Anagbo P E, Brimacombe J K. Plume characteristics and liquid circulation in gas injection through a porous plug [J]. Metallurgical Transactions B, 1990, 21 (4): 637-648.

[117] Baxter R T, Wraith A E. Transitions in the bubble formation mode of a submerged porous disc [J]. Chemical Engineering Science, 1970, 25 (7): 1244-1247.

[118] 田陆，贺文豹. 钙处理关键技术 [J]. 2011 年全国高品质特殊钢生产技术研讨会文集，2011, 2 (3): 23-32.

[119] 杨建，林文兵，何航，等. 提高特厚钢板探伤合格率的工艺优化措施 [J]. 山东冶金，2013, 35 (1): 33-35.

[120] 肖聪. SPHE 钢 CSP 连铸坯非金属夹杂物的研究 [D]. 武汉：武汉科技大学，2011.

[121] 吕佐明，孙建平. 徕卡非金属夹杂物自动分析软件在生产中的应用 [J]. 理化检验：物理分册，1994, 43 (6): 299-302.

[122] 李冬燕. 氩—氧精炼和电渣重熔的超低碳耐蚀钢的非金属夹杂物分析 [J]. 冶钢译丛，2001, 5 (1): 68-70.

[123] 曹余良. 12CaO-7Al$_2$O$_3$基无氟精炼渣脱硫及去除夹杂物实验研究 [D]. 西安：西安建筑科技大学，2009.

[124] 吴建鹏. 冷镦钢钙处理工艺研究 [D]. 武汉：武汉科技大学，2005.

[125] Evans G M, Jameson G J, Atkinson B W. Prediction of the bubble size generated by a plunging liquid jet bubble column [J]. Chemical Engineering Science, 1992, 47 (13): 3265-3272.

[126] Valdez M, Shannon G, Sridhar S. The ability of slags to absorb solid oxide inclusions [J]. ISIJ International, 2006, 46 (3): 450-457.

[127] Bruno H, Wagner V, Antônio C. Efficiency of inclusion absorption by slags during secondary refining of steel [J]. ISIJ International, 2014, 54 (7): 1584-1591.

[128] Choi J, Lee H, Kim J. Dissolution rate of Al$_2$O$_3$ into molten CaO-SiO$_2$-Al$_2$O$_3$ slags [J]. ISIJ International, 2002, 42 (8): 852-860.

[129] Eguchi J, Fukunaga M, Sugimoto T, et al. Manufacture of high quality case-hardening low alloy steel for automobile use [J]. The Iron and Steel Institute of Japan, 1990: 644-650.

[130] 原永良，韩云龙. 喷吹 Ca-Si 粉钢中非金属夹杂物成因的探讨 [J]. 鞍钢技术，1986, 5 (3): 7-11.

[131] 吴根土. 连铸钢的可浇注性和质量的改进 [J]. 浙江冶金，2006, 12 (4): 9-16.

[132] Yoon B H, Heo K H, Kim J S, et al. Improvement of steel cleanliness by controlling slag composition [J]. Ironmaking & Steelmaking, 2002, 29 (3): 214-217.

[133] Suito H, Inoue R. Thermodynamics on Control of Inclusions Composition in Ultraclean Steels [J]. ISIJ International, 1996, 36 (5): 528-536.

[134] Ren Y, Zhang L. Thermodynamic Model for Prediction of Slag-Steel-Inclusion Reactions of 304 Stainless Steels [J]. ISIJ International, 2017, 57 (1): 68-75.

[135] Shin J H, Park J H. Modification of Inclusions in Molten Steel by Mg-Ca Transfer from Top Slag: Experimental Confirmation of the 'Refractory-Slag-Metal-Inclusion (ReSMI)' Multiphase Reaction Model [J]. Metallurgical and Materials Transactions B, 2017, 48 (6): 2820-2825.

[136] Harada A, Matsui A, Nabeshima S, et al. Effect of Slag Composition on MgO · Al$_2$O$_3$ Spinel-Type Inclusions in Molten Steel [J]. ISIJ International, 2017, 57 (9): 1546-1552.

[137] Wang X, Li X, Li Q, et al. Control of Stringer Shaped Non-Metallic Inclusions of CaO-Al$_2$O$_3$ System in API X80 Linepipe Steel Plates [J]. Steel Research International, 2014, 85 (2): 155-163.

[138] Zhang X, Zhang L, Yang W, et al. Characterization of the Three-Dimensional Morphology and Formation Mechanism of Inclusions in Linepipe Steels [J]. Metallurgical and Materials Transactions B, 2017, 48 (1): 701-712.

[139] 张韶枫. 添加碳化钙对钢中夹杂物特性的影响 [J]. 太钢译文, 2002, 6 (2): 8-17.

[140] Holappa L, Hämäläinen M, Liukkonen M, et al. Thermodynamic examination of inclusion modification and precipitation from calcium treatment to solidified steel [J]. Ironmaking & Steelmaking, 2003, 30 (2): 111-115.

[141] Hilty D, Farrell J. Modification of Inclusions by Calcium-Part I [J]. Iron and Steelmaker, 1975, 2 (5): 17-22.

[142] Ye G, Jönsson P, Lund T. Thermodynamics and kinetics of the modification of Al$_2$O$_3$ inclusions [J]. ISIJ International, 1996, 36 (Suppl): S105-S108.

[143] Saxena S. Imporing inclusion morphology, cleanness, and mechanical-properties of aluminum-killed steel by injection of lime-based power [J]. Ironmaking & Steelmaking, 1982, 9 (2): 50-57.

[144] Lind M, Holappa L. Transformation of alumina inclusions by calcium treatment [J]. Metallurgical and Materials Transactions B, 2010, 41 (2): 359-366.

[145] Larsen K, Fruehan R. Calcium modification of oxide inclusions [C]. Steelmaking Conference Proceedings, 1990: 73: 497-506.

[146] Janke D, Ma Z, Valentin P, et al. Improvement of castability and quality of continuously cast steel [J]. ISIJ International, 2000, 40 (1): 31-39.

[147] 张立峰, 李菲, 方文. 钢液钙处理过程中钙加入量精准计算的热力学研究 [J]. 炼钢, 2016, 32 (2): 1-8.

[148] 范海东, 傅金明, 周小明, 等. 高频超声波在非金属夹杂物检测中的应用 [J]. 无损检测, 2004, 26 (6): 299-301.

[149] 叶超. 镁铝质钢包精炼用耐火材料与钢液相互作用的基础研究 [D]. 北京: 北京科技大学, 2007.

[150] 张佩灿. 高铝钢脱氧工艺和造渣技术研究 [D]. 沈阳: 东北大学, 2011.

[151] Shiro B, Mitsutaka H, Nihon T. Chemical properties of molten slags [M]. Iron and Steel Institute of Japan, 1991.

[152] Faulring G M, Ramalingam S. Inclusion precipitation diagram for the Fe-O-Ca-Al system [J]. Metallurgical Transactions B, 1980, 11 (1): 125-130.

[153] Davies I G, Morgan P C. Secondary-steelmaking developments on engineering steels at Stocksbridge Works [J]. Ironmaking & Steelmaking, 1985, 12 (4): 176-184.

[154] Pielet H M, Bhattacharya D. Thermodynamics of nozzle blockage in continuous casting of calcium-containing steels [J]. Metallurgical Transactions B, 1984, 15 (4): 743.

[155] Korousic B. Fundamental thermodynamic aspects of the $CaO\text{-}Al_2O_3\text{-}SiO_2$ system [J]. Steel Research, 1991, 62 (7): 285-288.

[156] Presern V, Korousic B, Hastie J W. Thermodynamic conditions for inclusions modification in calcium treated steel [J]. Steel Research, 1991, 62 (7): 289-295.

[157] Janke D, Ma Z, Peter V, et al. Improvement of Castability and Quality of Continuously Cast Steel [J]. ISIJ International, 2000, 40 (1): 31-39.

[158] Ito Y, Suda M, Kato Y, et al. Kinetics of shape control of alumina inclusions with calcium treatment in line pipe steel for sour service [J]. ISIJ International, 1996, 36 (Suppl): S148-S150.

[159] Yang S, Wang Q, Zhang L, et al. Formation and modification of $MgO \cdot Al_2O_3$-based inclusions in alloy steels [J]. Metallurgical and Materials Transactions B, 2012, 43 (4): 731-750.

[160] Pistorius C, Presoly P, Tshilombo K G. Magnesium: origin and role in calcium-treated inclusions [C]. TMS Fall Extraction and Processing Division, 2006, 2: 373-378.

[161] Bielefeldt W V, Vilela A, Moraes C, et al. Computational thermodynamics application on the calcium inclusion treatment of SAE 8620 steel [J]. Steel Research International, 2007, 78 (12): 857-862.

[162] Yang W, Zhang L, Wang X, et al. Characteristics of Inclusions in Low Carbon Al-Killed Steel during Ladle Furnace Refining and Calcium Treatment [J]. ISIJ International, 2013, 53 (8): 1401-1410.

[163] Faulring G, Farrell J, Hilty D. Steel flow through nozzles: influence of Calcium [J]. Iron and Steelmaker, 1980, 7 (2): 14-20.

[164] Yuan F, Wang X, Yang X. Influence of calcium content on solid ratio of inclusions in Ca-treated liquid steel [J]. Journal of University of Science and Technology Beijing, Mineral, Metallurgy, Material, 2006, 13 (6): 486-489.

[165] 吴华杰, 陆鹏雁, 岳峰, 等. 钙处理对中硫含量钢中硫化物形态影响的试验研究 [J]. 北京科技大学学报, 2014, 36 (增刊1): 230-234.

[166] 陈向阳, 战东平, 董杰, 等. X60 管线钢硫化夹杂物钙处理技术研究 [J]. 过程工程学

报，2009，9（S1）：242-245.

[167] 陈向阳，董杰，战东平，等．管线钢硫化物钙处理技术分析［J］．中国冶金，2009，19（5）：33-36.

[168] Perez T, Quintanilla H, Rey E. Effect of Ca/S ratio on HIC resistance of seamless line pipes ［C］. NACE International, Houston, TX（United States），1998.

[169] DeLaMare R. Advances in offshore oil and gas pipeline technology ［M］. Gulf Publ. Co. , 1985.

[170] 刘德祥，翟卫江，刘义，等．南钢管线钢非金属夹杂物去除工艺［J］．金属世界，2015（4）：69-71.

[171] 马志刚，黄宗泽，胡汉涛，等．管线钢夹杂物控制技术的改进［J］．宝钢技术，2014（5）：14-17.

[172] 李树森，任英，张立峰，等．管线钢精炼过程中夹杂物 CaO 和 CaS 的研究［J］．北京科技大学学报，2014（S1）：168-172.

[173] Ren Y, Zhang L, Li S. Transient Evolution of Inclusions during Calcium Modification in Line-pipe Steels ［J］. ISIJ International, 2014, 54（12）：2772-2779.

[174] Zhao D, Li H, Bao C, et al. Inclusion Evolution during Modification of Alumina Inclusions by Calcium in Liquid Steel and Deformation during Hot Rolling Process ［J］. ISIJ International, 2015, 55（10）：2115-2124.

[175] Xu J, Huang F, Wang X. Formation Mechanism of CaS-Al$_2$O$_3$ Inclusions in Low Sulfur Al-Killed Steel After Calcium Treatment ［J］. Metallurgical and Materials Transactions B, 2016, 47（2）：1217-1227.

[176] 安航航，包燕平，刘建华，等．X80 高级别管线钢的洁净度［J］．钢铁研究学报，2010，22（6）：10-13.

[177] 彭其春，杨进玲，邹健，等．X80 管线钢洁净度研究［J］．炼钢，2014，30（2）：57-65.

[178] 李太全，包燕平，刘建华，等．镁对 X120 管线钢夹杂物的作用［J］．钢铁，2008，43（11）：45-48.

[179] 苏晓峰，陈伟庆，裴凤娟，等．X70 管线钢中夹杂物控制研究［J］．河南冶金，2009，17（1）：14-16.

[180] 王国承，黄浪．铁水预处理-80t LD-RH-LF-CC 生产流程对管线钢夹杂物的影响［J］．特殊钢，2009，30（5）：31-33.

[181] 初仁生，杨光维，黄福祥，等．钙处理工艺对 X70 管线钢夹杂物的影响［J］．钢铁研究学报，2013，25（5）：24-30.

[182] 尹娜，景财良，李强，等．X80 管线钢精炼过程中夹杂物行为研究［J］．炼钢，2013，29（4）：49-52.

[183] 杨光维，初仁生，王新华，等．X70 管线钢 RH 真空脱气过程夹杂物的去除行为［J］．钢铁，2014，49（1）：34-38.

[184] 马志刚，黄宗泽，胡汉涛，等．管线钢夹杂物控制技术的改进［J］．宝钢技术，2014，22（5）：14-17.

［185］ 郑第科. X70 管线钢夹杂物控制技术工艺研究［J］. 本钢技术，2015，15（2）：18-22.

［186］ 刘德祥，翟卫江，刘义，等. 南钢管线钢非金属夹杂物去除工艺［J］. 金属世界，2015，21（4）：69-71.

［187］ Yang W，Guo C，Zhang L，et al. Phase transformation of inclusions in linepipe steels during solidification and cooling［J］. Metallurgical and Materials Transactions B，2017，48（5）：2267-2273.

［188］ Visser H J，Boom R，Biglari M. Simulation of the Ca-treatment of Al-killed liquid steel［J］. Metallurgical Research & Technology，2008，105（4）：172-180.

［189］ Park J，Sridhar S，Fruehan R J. Kinetics of Reduction of SiO_2 in SiO_2-Al_2O_3-CaO Slags by Al in Fe-Al（-Si）Melts［J］. Metallurgical and Materials Transactions B，2014，45（4）：1380-1388.

［190］ Wu P. Mathematical Model of Simultaneous Slag-Metal Reactions in Multi-components System［J］. ISIJ International，1997，37（10）：929-935.

［191］ Ren Y，Wang Y，Li S，et al. Detection of Non-metallic Inclusions in Steel Continuous Casting Billets［J］. Metallurgical and Materials Transactions B，2014，45（4）：1291-1303.

［192］ Simpson I D，Tritsiniotis Z，Moore L G. Steel cleanness requirements for X65 to X80 electric resistance welded linepipe steels［J］. Ironmaking & Steelmaking，2003，30（2）：158-164.

［193］ Wang X，Li X，Li Q，et al. Control of Stringer Shaped Non-Metallic Inclusions of CaO-Al_2O_3 System in API X80 Linepipe Steel Plates［J］. Steel Research International，2014，85（2）：155-163.

［194］ Liu J，Wu H，Bao Y，et al. Inclusion Variations and Calcium Treatment Optimization in Pipeline Steel Production［J］. International Journal of Minerals Metallurgy and Materials，2011，18（5）：527-534.

［195］ Deng Z，Zhu M. Evolution Mechanism of Non-metallic Inclusions in Al-Killed Alloyed Steel during Secondary Refining Process［J］. ISIJ International，2013，53（3）：450-458.

［196］ Yang G，Wang X，Huang F，et al. Influence of Calcium Addition on Inclusions in LCAK Steel with Ultralow Sulfur Content［J］. Metallurgical and Materials Transactions B，2015，46（1）：145-154.

［197］ Yang G，Wang X. Inclusion Evolution after Calcium Addition in Low Carbon Al-Killed Steel with Ultra Low Sulfur Content［J］. ISIJ International，2015，55（1）：126-133.

［198］ Xu G，Jiang Z，Li Y. Formation Mechanism of CaS-Bearing Inclusions and the Rolling Deformation in Al-Killed，Low-Alloy Steel with Ca Treatment［J］. Metallurgical and Materials Transactions B，2016，47（4）：2411-2420.

［199］ Ren Y，Zhang Y，Zhang L. A kinetic model for Ca treatment of Al-killed steels using FactSage macro processing［J］. Ironmaking & Steelmaking，2017，44（7）：497-504.

［200］ 李超，张立峰，杨文，等. MgO-Al_2O_3 类夹杂物钙处理热力学及工业试验研究［C］. 第十九届（2016 年）全国炼钢学术会议，长沙，2016：152.

［201］ Brooksbank D，Andrews K W. Stress fields around inclusions and their relation to mechanical properties［J］. Journal of the Iron and Steel Institute，1972，210（4）：246-255.

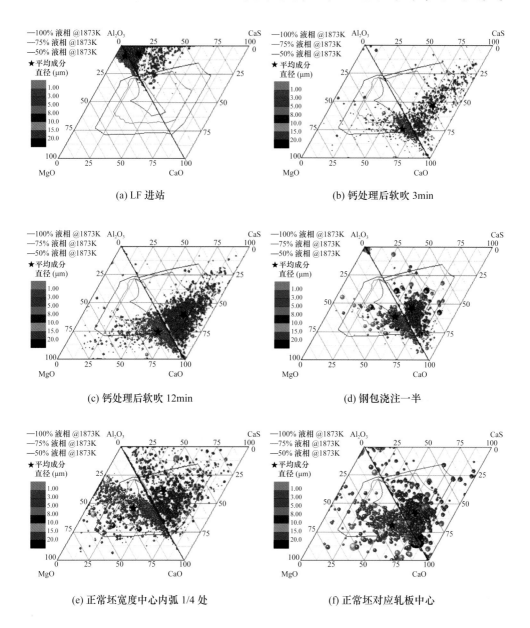

图 3-5　X65 管线钢精炼、浇注过程及轧板中夹杂物成分演变

在钙处理前，随渣钢反应的进行，钢中非金属夹杂物由 Al_2O_3 转变为较低 CaO 含量的 Al_2O_3-CaO-MgO 类型。钙处理后，由于钙含量较高，夹杂物转变为高 CaO 含量的 Al_2O_3-CaO-CaS-MgO 类型，平均成分位于 100% 液相区外 CaO 一侧。由于凝固和冷却过程平衡移动，夹杂物发生转变，夹杂物中的 CaS 和 MgO 含量增加，同时 CaO 含量降低。

管线钢轧材中大尺寸夹杂物

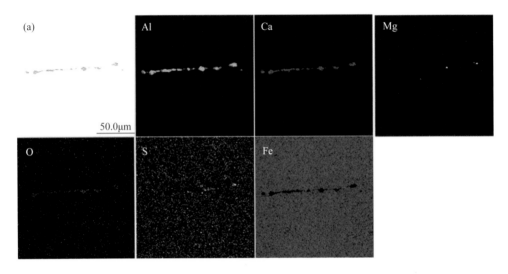

图 3-14　轧板中大尺寸条串状夹杂物（B 类夹杂物）元素面扫描

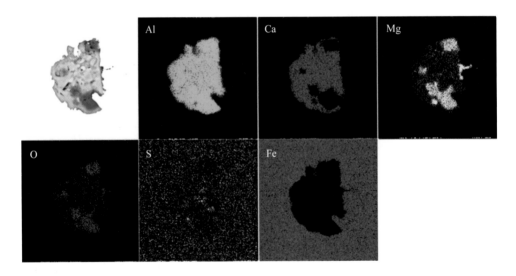

图 3-15　轧板中大尺寸块状夹杂物元素面扫描

　　在 X65 管线钢轧板中，大尺寸条串状夹杂物即 B 类夹杂物，主要是成分均匀分布的钙铝酸盐；而大尺寸不变形的夹杂物中除了钙铝酸盐外，夹杂物中还存在镁铝尖晶石相的不规则分布，即内嵌有硬质粒子的夹杂物在轧制过程中更不容易变形。

管线钢生产过程夹杂物三维形貌及元素面分布

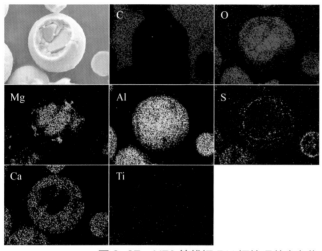

X70 管线钢钙处理前，钢液中主要是 CaO-Al$_2$O$_3$-MgO 系夹杂物，部分夹杂物外面包裹一层很薄的 CaS。少量尺寸夹杂物中存在如图中所示的镁铝尖晶石相。

图 3-37　X70 管线钢 RH 钙处理前夹杂物元素面扫结果

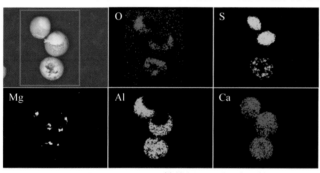

X70 管线钢钙处理软吹结束后钢液中非金属夹杂物基本都为球形。从夹杂物成分看，氧化物组分主要是 CaO-Al$_2$O$_3$-MgO，同时，如图中所示夹杂物中的 CaS 含量明显增加。

图 3-43　X70 管线钢 RH 钙处理软吹后夹杂物元素面扫描结果

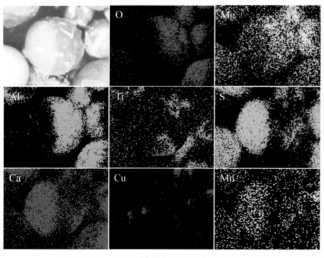

X70 管线钢铸坯中夹杂物类型较为复杂，主要为 MgO-Al$_2$O$_3$ 和 CaS 相，二者之间存在较为明显的界线。另外还存在着 (Mn,Cu)S 复合硫化物，大部分在 CaS 表面析出，此外还存在 TiN，部分为独立析出，部分在氧化物表面析出。

图 3-60　X70 管线钢铸坯中 MgO · Al$_2$O$_3$+CaS 复合夹杂物元素面分布

管线钢钙处理液态窗口

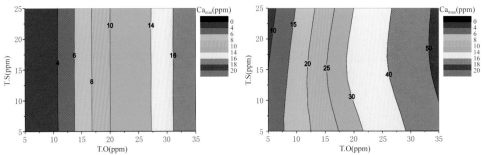

图 6-11　T.Al=0.02% 管线钢钙处理液态窗口的全钙含量的最小值和最大值

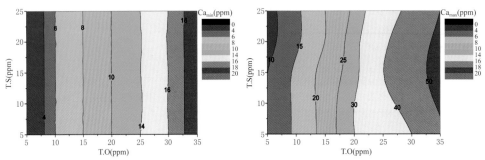

图 6-12　T.Al=0.03% 管线钢钙处理液态窗口的全钙含量的最小值和最大值

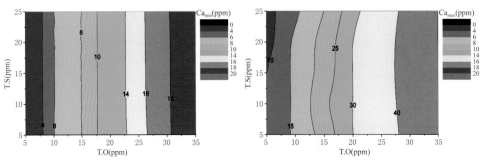

图 6-13　T.Al=0.035% 管线钢钙处理液态窗口的全钙含量的最小值和最大值

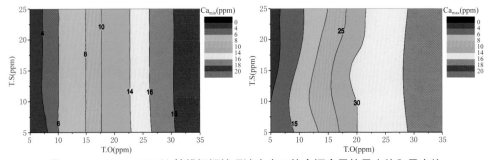

图 6-14　T.Al=0.04% 管线钢钙处理液态窗口的全钙含量的最小值和最大值

　　图 6-11~ 图 6-14 为 1600℃不同初始成分下液态窗口的全钙含量的最小值和最大值，对最佳喂钙量影响最大的是钢中的 T.O 含量。可以根据不同钢液成分和不同夹杂物控制目标，确定对应的最优喂钙量，指导生产。

管线钢生产过程精炼渣及合金对夹杂物的影响

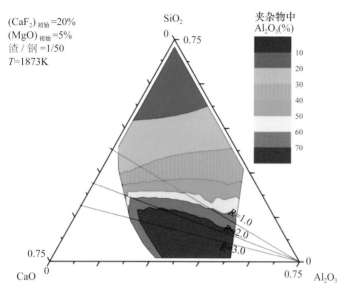

(CaF₂)$_{初始}$=20%
(MgO)$_{初始}$=5%
渣/钢=1/50
T=1873K

建立的渣-钢-夹杂物平衡反应热力学模型，可预测不同精炼渣成分对钢液成分、脱硫、夹杂物成分、夹杂物熔点等的影响。图2-15所示为预测的不同精炼渣成分对夹杂物中的 Al₂O₃ 含量的影响，夹杂物中的 Al₂O₃ 含量随渣碱度的增加而增加。

图 2-14　精炼渣成分对夹杂物中 Al₂O₃ 含量的影响

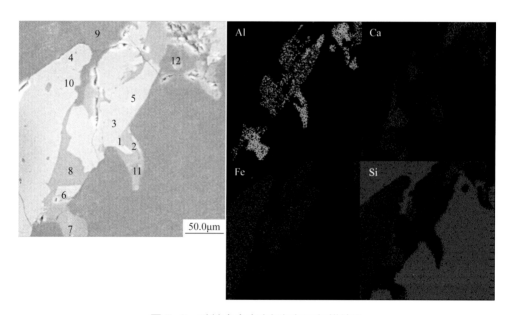

图 7-3　硅铁合金中高铝钙相面扫描结果

图 7-3 为管线钢生产所用 75% 硅铁合金中铝钙相的面扫描结果。由图可知，硅铁合金中存在很高的金属铝和钙元素相，大部分金属铝和金属钙元素形成 Al-Ca 相。这些杂质元素将会对管线钢的冶炼产生很大的影响，尤其是可以充当钙处理的角色，实现钢中非金属夹杂物的改性。

管线钢水口结瘤及连铸坯夹杂物尺寸分布

图 9-24　管线钢连铸浸入式水口底部内壁的结瘤物各层阴极发光仪下照片

图 9-24 所示为通过阴极发光仪对水口底部内壁的结瘤物进行观察的结果。按照图像颜色从左向右，可以依次清晰地看到铝碳质的水口本体、氧化铝夹杂物层、钙铝酸盐夹杂物层和镁铝尖晶石夹杂物层的三层结构，揭示了氧化铝、钙铝酸盐和镁铝尖晶石在水口内壁上的沉积顺序。

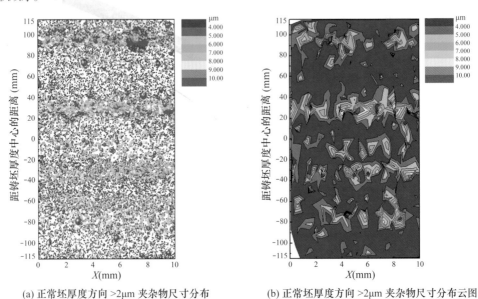

(a) 正常坯厚度方向 >2μm 夹杂物尺寸分布　　　(b) 正常坯厚度方向 >2μm 夹杂物尺寸分布云图

图 10-7　管线钢连铸坯宽度 1/4 处夹杂物尺寸分布

图 10-7 为稳定浇铸连铸坯宽度方向 1/4 处断面厚度方向夹杂物的尺寸分布情况。在靠近边部和中心处夹杂物的尺寸明显大于其他位置，这是由于较大尺寸夹杂物被两端的枝晶生长推向中心造成的。

管线钢连铸坯中非金属夹杂物成分分布

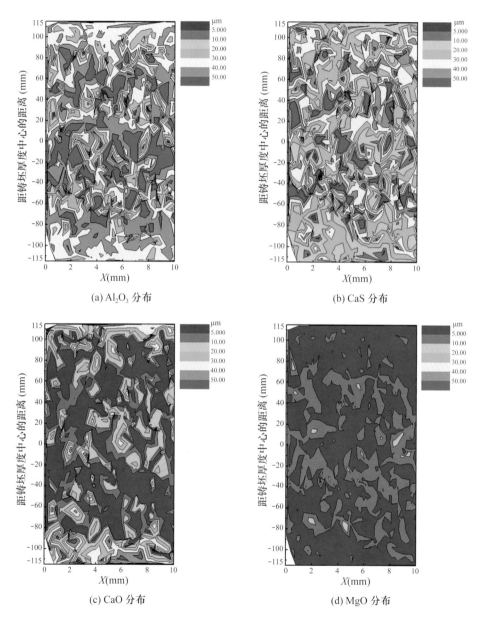

(a) Al$_2$O$_3$ 分布

(b) CaS 分布

(c) CaO 分布

(d) MgO 分布

图 10-8　管线钢连铸坯夹杂物中各组分含量沿厚度方向分布云图

　　图 10-8 为稳定浇铸连铸坯厚度方向 >2μm 夹杂物中各组分含量的分布云图。在铸坯表层附近夹杂物类型为 CaO-Al$_2$O$_3$，夹杂物中 CaO 含量较高而 CaS 含量较低；铸坯中心及厚度方向 1/4 位置夹杂物类型主要为 CaS-Al$_2$O$_3$，夹杂物中的 CaS 含量高而 CaO 含量低。这是由于在连铸坯凝固和冷却过程中平衡发生移动引起了夹杂物成分的变化，从连铸坯表层到中心，冷却速率逐渐减小，转变时间越长，夹杂物转变就越充分，导致夹杂物中的 CaS 含量越高。

管线钢低钙含量处理工艺改善 B 类夹杂物

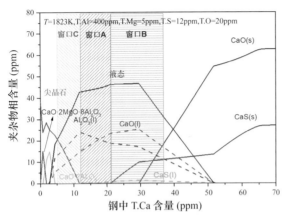

图中标出了三个窗口：窗口 A 为 100% 液相区；窗口 B 为高 CaO 或 CaS 含量一侧的 100% 液相结束至 50% 液相点所对应的 T.Ca 含量范围；窗口 C 为高 Al_2O_3 一侧的 50% 液相点至 100% 液相开始点所对应的 T.Ca 含量范围。在以往的研究中夹杂物的优化目标主要是窗口 B，而本研究提出夹杂物成分的改性目标为窗口 C。

图 11-15　FactSage 计算得到的不同钙含量条件下不同夹杂物相含量变化

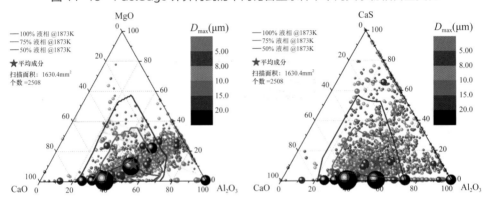

图 11-30　原工艺轧板中 >5μm 的夹杂物成分分布

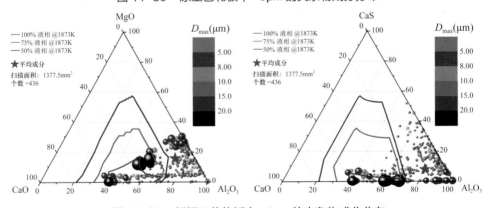

图 11-31　低钙工艺轧板中 >5μm 的夹杂物成分分布

原工艺大于 5μm 的夹杂物平均成分落在 MgO-CaO-Al_2O_3 三元系相图 100% 液相区内部，且存在更多大于 20μm 的夹杂物，低钙工艺条件下轧板中大于 5μm 的夹杂物数密度和尺寸都更小，夹杂物平均成分点落在 MgO-CaO-Al_2O_3 三元系 50% 液相区附近靠近 Al_2O_3 一侧，B 类夹杂物得到有效控制。